日 / 光 / 绘 / 画

零基础玩转手机摄影后期修图

苏兮 李楠 编著

清華大学出版社
北 京

内 容 简 介

本书主要讲解手机摄影后期处理技巧。第 1 章讲解基本摄影知识。第 2 和 3 章详细地介绍了后期软件的功能和操作。第 4 章主要讲解蒙版的概念，这是个自由的工具，是一个让人能在照片上自由调整的工具。第 5 和 6 章主要讲解手机修图步骤和曲线修图。第 7 章为后期处理综合实例。

本书共分 7 章内容，逐一讲解了摄影及手机摄影的基础知识，各种修图 App 的使用方法以及多种实用的修图技巧，让读者能够由浅入深地进行学习，玩转手机摄影后期修图技巧。

本书结构清晰，语言简洁，适合手机摄影初学者和爱好者阅读，帮助读者快速成为手机摄影及后期修图的高手。

图书在版编目 (CIP) 数据

日光绘画：零基础玩转手机摄影后期修图 / 苏兮，李楠编著 . —北京：清华大学出版社，2021.1

ISBN 978-7-302-56779-0

Ⅰ. ①日… Ⅱ. ①苏… ②李… Ⅲ. ①移动电话机—图像处理软件 Ⅳ. ①TN929.53 ②TP391.413

中国版本图书馆 CIP 数据核字 (2020) 第 218034 号

责任编辑：李　磊
版式设计：孔祥峰
封面设计：杨　曦
责任校对：马遥遥
责任印制：杨　艳

出版发行：清华大学出版社
网　　址：http://www.tup.com.cn，http://www.wqbook.com
地　　址：北京清华大学学研大厦A座　　**邮　　编：**100084
社 总 机：010-62770175　　**邮　　购：**010-62786544
投稿与读者服务：010-62776969，c-service@tup.tsinghua.edu.cn
质 量 反 馈：010-62772015，zhiliang@tup.tsinghua.edu.cn
印 装 者：三河市铭诚印务有限公司
经　　销：全国新华书店
开　　本：140mm×210mm　　**印　　张：**9　　**字　　数：**353千字
版　　次：2021年1月第1版　　**印　　次：**2021年1月第1次印刷
定　　价：79.00元

产品编号：086098-01

打造自己的移动暗房

许多《日光绘画：我是这样学会手机摄影的》的读者问：“手机摄影后期制作软件多到让人眼花缭乱，有的过于简单，有的又过于复杂，该怎么挑选呢？”如今手机已经成为主流的摄影工具，也是摄影者的移动暗房，可以随时随地进行照片的后期处理。目前常用且口碑较好的后期制作软件莫过于 Snapseed。本书就以深入浅出的方式为读者讲解如何通过该 App 得到一幅好的摄影作品。

任何书籍的阅读都有方法。这是一本讲解使用手机进行照片后期修图的教程。第 1 章讲述了手机摄影的角度、构图等基本摄影知识。第 2 章详细介绍了后期软件的功能和操作，希望读者至少粗读并跟随操作，以熟悉基本功能和各种操作。在之后的学习过程中要随时翻阅第 2 章，尽量多尝试不同的操作，发现比书本更广阔的天地。对于完全没有接触过“蒙版”概念的读者需要仔细阅读第 4 章。蒙版是个自由的工具，是一个能在照片上自由调整的工具。第 5 章会带来全新的修图思路，按照思路操作就能最终得到自己满意的作品。第 6 章讲解如何使用曲线工具进行修图。第 7 章为后期处理实例。通过学习能让读者知道什么是好的照片，并告诉读者如何通过后期制作软件将自己的照片变成作品。书中为读者提供了很多具体的完整案例，让读者对一幅好照片的诞生有更加具体和清晰的认识，举一反三，读者可以逐步找到最适合自己的方法。

审美有自己的规律，规律其实就是多数人对美的共识。作为没有受过视觉艺术方面专门训练的普通人总认为艺术距自己遥不可及，而《日光绘画》系列就是以通俗易懂的方式提供了让读者轻松步入摄影艺术殿堂的机会。通过学习就能掌握好照片的基本构成要素，按步骤进行后期处理就能让自己的照片符合基本的审美规律。

摄影后期操作看起来纷繁复杂，学习也似乎总让人心生畏惧。初学者可以一步一步尝试，例如，如果照片色彩有些暗淡，就可以仅通过加大饱和度这一个操作使其绚丽多彩；如果照片因为阴天显得灰蒙蒙，就可以通过曲线功能使其变得通透；如果照片有些模糊，就可以仅调整一下锐度使其立即清晰。每次简单的操作都能即刻给人肉眼可见的反馈，也能感受自己的进步。

书无法事无巨细，但思维可以海阔天空，把书当成一盏航灯即可。积跬步至千里，最终一定会找到属于自己的光明，走进更广阔的摄影世界。

编　者

目 录

第5章 手机修图步骤 / 175

第6章 曲线修图 / 233

第7章 后期处理实例 / 245

后 记 / 279

第1章 手机摄影概述

1.1 了解手机摄影

使用手机摄影，首先需要了解拍摄画幅和拍摄角度两部分知识。

1.1.1 拍摄画幅

手机摄影的画幅有标准、正方形和全景 3 种。标准画幅适合拍摄大部分场景，可以竖拍或者横拍。正方形画幅适合拍摄小品类型照片。全景画幅可以拍摄长卷类型照片，适合表现宽广的场景。

标准画幅

正方形画幅

全景画幅

1.1.2　拍摄角度

常用的拍摄角度有平拍、仰拍、俯拍和自拍几种。

1. 平拍

以平视的角度拍摄，平拍最接近人眼的视觉习惯，不会有俯仰拍摄的透视效果。

平拍 1

平拍 2

2. 仰拍

仰拍是从下向上拍摄。仰拍的男性会显得十分高大、威猛，富有正义感；女性会显得腿长，身材比例好看。

3. 俯拍

俯拍是从上向下拍摄，有种居高临下的感觉。俯拍适合拍摄风景，不适合全身人物，拍出的照片会显得头大腿短。

仰拍1　　仰拍2

俯拍1　　俯拍2

4. 自拍

自拍是将自己作为拍摄对象，最佳的角度就是从头顶45°俯拍，这样拍摄的人物显得眼睛大、脸小，非常适合爱美的女士。

自拍1

自拍2

1.2 手机摄影的构图

摄影的构图属于美学范畴，手机摄影也不例外。构图分为平面、色彩和立体三大构成。

平面构成　　色彩构成　　立体构成

1.2.1 平面构成

平面构成由比例、元素、对比和关系 4 部分组成。

1. 比例

比例就好像是框架。有了它，才能在里面添加内容，所以不管是摄影还是绘画都要先搞清楚比例。

首先，了解画幅比例。画幅比例是指照片长边与宽边的比例。现在手机摄影的画幅比例有 4∶3 和 1∶1 两种，就是标准照片和正方形照片，有别于数码相机的 3∶2 画幅比例。

其次，是画面比例。我们常用的画面比例有黄金分割比例和对称比例两种。如果说构图是好照片的基础，那么画面比例就是基础的基础。

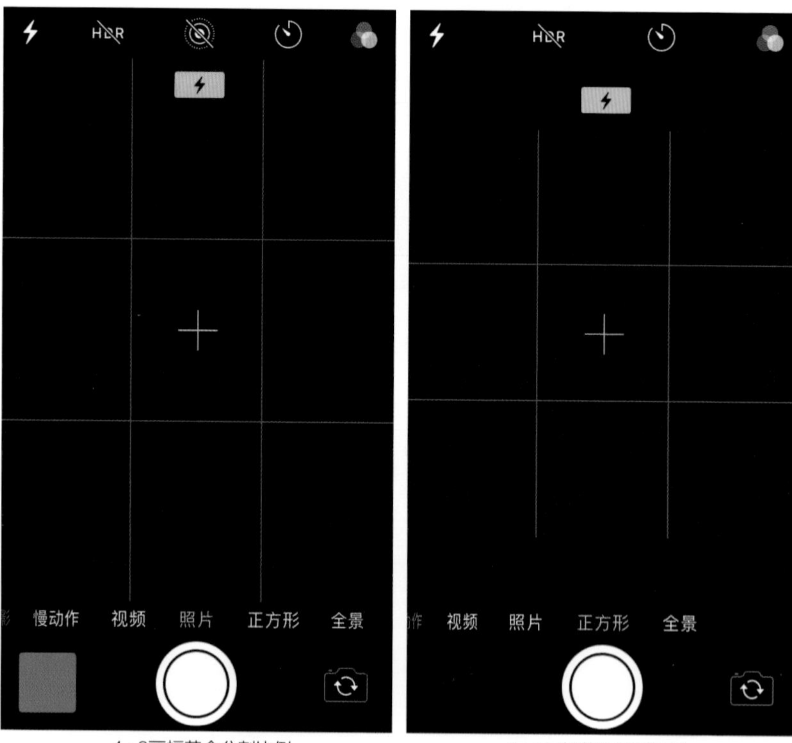

4∶3画幅黄金分割比例　　1∶1画幅黄金分割比例

手机拍照软件中的“网格线”功能会显示黄金分割比例的提示线。在拍摄时，有网格线作为参照，物体的位置、大小、占画面的多少就不会有大的偏差。

苹果手机的网格线开启方法：设置→找到“相机”选项→点击“网格”右侧的开关，开启网格线功能。再开启相机时就会显示网格线了。

华为手机的参考线开启方法：设置→点击“参考线”右侧的开关，开启参考线功能，返回相机拍摄时，会自动显示黄金比例分割线。

黄金分割比例　　对称比例

2. 元素

元素包含点、线、面、形状。它们是兴趣中心点、视觉引导线条、色彩块面积或者框架形状，这些组织在一起构成了一幅照片。

1) 点

元素“点”一般都是视觉中心，它在照片中所占的面积可大可小，视觉中心的位置一般在照片的正中心或者黄金分割点上。点可以是任何物体。

拍摄者想突出什么？或者第一眼想让观者看到什么？它就是视觉中心点。

中心点

黄金分割点

2) 线

元素“线”可以起到视觉引导或者描绘边缘的作用，整齐、简洁、直接是它最大的特点。

根据引导方式和方向不同，线分为横线、竖线、斜线、对角线、曲线、折线等。

折线

对角线

3) 面

元素“面”是色块的面积。就像绘画平涂颜色一样，拍摄的色块面积占画面整体的多少，也是要遵循一定比例的。

面1

面2

4) 形状

元素“形状”可以利用建筑的框架结构，组合成任意一种几何形状。当然，除了几何形状，还有自然形状。

几何形状

自然形状

3. 对比

摄影构图中常用的对比有大小对比、多少对比、高低对比和虚实对比。

通过两种事物的体积、数量、高低、虚实组成照片视觉语言，例如用大的物体衬托小的，数量多的衬托少的，矮的衬托高的，模糊的衬托清晰的。通过这些互相衬托，可以增加照片的艺术性和感染力。

当然对比与关系有时是互相通用的，比如“虚实对比”也可以是“虚实关系”。

大小对比

多少对比

高低对比

虚实对比

4. 关系

摄影构图中常用的关系有主次关系、远近关系、动静关系、明暗关系。

主次关系

远近关系

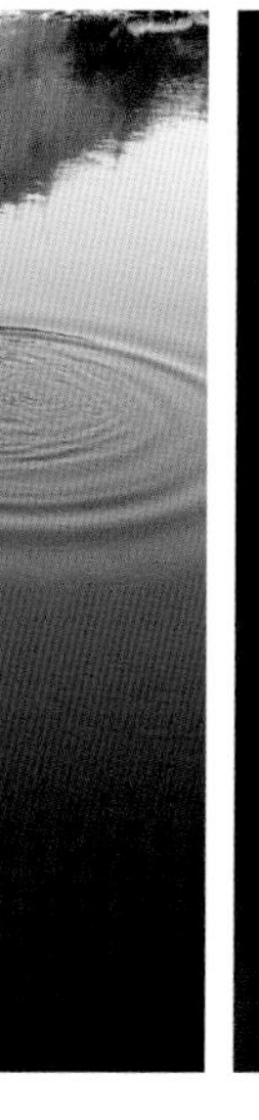

动静关系

明暗关系

通过两种事物的主体与陪衬、距离的远近、运动与静止、颜色的深浅组成照片的视觉语言，就是用陪体衬托主体、远景衬托近景、静止的衬托运动的，或者是颜色深的衬托颜色浅的。通过这些互相衬托，也可以增加照片的艺术性和感染力。

除了构图的基本结构“比例”和组成部分“元素”以外，摄影作品吸引我们的视觉语言多是“对比”和“关系”。平面构成中的比例、元素、对比、关系缺一不可，互相依存。

摄影作品有很多种评判标准，初级看的是照片拍得是否清晰，中级看的是摄影师的立意和表达，高级看的就是艺术价值。想有艺术价值必须经得起揣摩和推敲。

1.2.2 色彩构成

简单地理解色彩构成就是在二维空间内填满颜色。例如荷兰画家蒙德里安的作品，在画布上用黑色线条分割画面，再用彩色填充分割的区域，最终形成色彩构成。

虽然说起来很简单，但实际上，色彩构成融合了平面构成和美术色彩的知识，两者缺一不可。

例如蒙德里安画的黑线，就大量地使用了平面构成的知识。线本身就是平面构成中的元素，黑线的位置都是有讲究的，不是对称线就是黄金比例分割线，同时黑线和白底也形成明暗关系。彩色色块应用得就更多了，色块本身就是平面构成的元素面。

同时，色块的位置都是依照比例摆放的，色块与色块之间也有大小对比和多少对比，还有主次关系。

在美术色彩知识中，我们需要了解颜色的属性，例如色相、明度、饱和度、颜色的冷色和暖色、相邻色和对比色、色调与影调等。

色相中还要区分原色、间色、复色等。

只有了解这些知识，再回到摄影的色彩构成上，才会理解我们拍摄的每一张彩色照片中物体固有色所占的面积大小、在画面中位置高低、曝光的亮暗。

蒙德里安作品

原片

色彩构成

上图拍摄于江西省婺源九思堂门口，前景是红色的灯笼，背景是百年徽派建筑。

拍摄时，考虑到要突出灯笼，把它摆在正中间的位置，所以画面左右是对称比例，而红色和灰色是抽象的色彩对称比例，就是 50% 红色与 50% 灰色，这就是平面构成的对称比例和色彩构成的对称比例。

在色彩方面，用饱和度高的红色与中性色灰色形成色彩对比，体现出新旧之感。

如果用色彩构成来分析这张照片，它就不是简单的视觉中心点和对称比例那么简单。取景时红色的面积是由比例来决定的，可以是抽象的 50%，也可以是 40% 或 30%。拍出的视觉效果就完全不同了。同时，色彩的饱和度也会影响视觉分辨的先后顺序。

原片

色彩构成

上图拍摄于北京市天坛祈年殿外。

拍过天坛祈年殿的朋友都知道，中心广场游人很多，想拍摄一张没有游客的祈年殿照片非常难。所以我选择在红墙外拍摄，避开游客。

拍摄时，将红墙放在画面的正中间，让天与地变成对称比例，祈年殿放在画面的右黄金分割线上，在下黄金分割线处取一点人影做呼应。

在色彩方面，饱和度高的红色与蓝色形成冷暖对比，同时高饱和度颜色与中性色灰色形成新旧对比。蓝色、灰色和其他所有颜色加在一起，呈现各占 30% 左右的视觉效果。影子的颜色与祈年殿的颜色在明度上也是呼应的。

这样看，照片是否经得起推敲就一目了然了，画面中每一个物体的存在，不管是平面还是色彩都要有其存在的意义，否则就可以舍去。

1.2.3　立体构成

大家都知道艺术的表现形式多种多样，除了国画、油画、版画之外，还有雕塑、建筑等。

雕塑和建筑与绘画这种二维空间创作不同，它们是在立体的三维空间中创作，除了需要平面构成和色彩构成之外，还需要立体构成。

就像数学的 x 轴与 y 轴，它们之间只有交叉或者平行关系，但是立体空间多了 z 轴，除了交叉和平行，还有穿插、矛盾等。所以立体构成需要先在脑海中形成立体的空间影像，这比平面构成更加抽象。

在了解立体构成之前，我们先看下面这张有趣的图片。

三角形空间

乍一看好像没有什么问题，但仔细看这个三角形空间不成立。

这就是矛盾空间，这个领域最著名的艺术家是荷兰版画家埃舍尔。他绘制的各种矛盾空间真是让人脑洞大开、匪夷所思。如果想学好立体构成，他的作品就是试金石。

根据埃舍尔的矛盾空间作品，游戏公司发布了“纪念碑谷”游戏。建议大家先用学习的态度玩一下，你一定会对建筑、空间、立体、穿插、矛盾、视错觉有一个全新的认知。

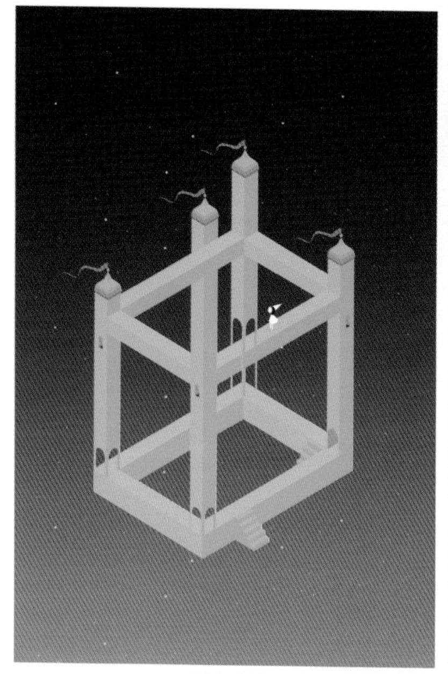
纪念碑谷

埃舍尔作品

了解矛盾空间后，讲解一下立体构成的空间艺术，它包括物理空间、心理空间和矛盾空间三类。

物理空间就是现在真实存在的地方，我们生存的空间。它是随时存在且永恒不消失的，这种物理空间可以以封闭的、开放的或者半封闭的形式存在，能给我们带来不一样的视觉感受。

下图“金字塔型空间”拍摄的是一处高楼外观，它的视觉效果不是我们通常认知的高楼大厦，却很像一个黄色金字塔。可见物理空间从不同的视角观看，可以达到不一样的视觉效果。

同理，下图“螺旋空间”拍摄的是一处旋转楼梯，仰视拍摄出的空间，在照片上呈现出了螺旋效果。

心理空间指的是看到一些形态后，心理感受所形成的空间感，这种空间有可能根本不存在或者是虚拟的。心理空间不同于物理空间，它是抽象的。

下图“正负空间”拍摄的是央视大楼的中间镂空部分，之所以叫正负空间，是运用了美术语言正负形的概念。实体存在为正形，正形之间的是负形。把央视大楼本身拍摄成黑色正形，而中间的镂空就是负形，这个负形本是一个物理空间，但是因为其棱角转折形状很像建外 SOHO 大楼的透视效果，在心理上产生另外一个空间，这个空间就是心理空间。

金字塔型空间

螺旋空间

同理，下图“虚拟空间”拍摄的是镜子与水果。镜子中的影像是我们看到的反射光线，不是直观看到。既然不是直观看到的空间，那么心理上可以想象的空间就变大了。

正负空间

虚拟空间

矛盾空间，也叫视错空间，是物体受到光线、阴影、透视等影响，使我们的肉眼看到一种不真实的空间效果。

如“矛盾空间 1”拍摄的就是一把椅子的光影，因为光线的原因，椅子的影子与椅子本身连接在了一起，形成了独特的空间关系，让人无法分辨哪个才是真实的椅子。

“矛盾空间 2”拍摄的是地下通道入口，利用透视产生的视错空间，再加上光影的作用，仿佛白色的通道是自己从墙里走出来一样。

矛盾空间1

矛盾空间2

综上所述才是真正的“构图”，从平面构成的简单，色彩构成的丰富，最后到立体构成的抽象，每个知识都缺一不可。

在艺术的历史中，手机摄影是一种表现形式，其美的初心没变，那么表现美的方式就不会变。

第 2 章 Snapseed 修图功能

相比较手机自带的修图功能，应用商店下载的手机 App 修图功能更加强大、方便、实用。

Snapseed，中文名字叫指划修图，是目前最好的手机修图 App 之一，在某些修图效果方面已经完全可以代替 Photoshop。

被 Google 公司收购之后推出的 Snapseed 2.0 版本，在修图功能、界面美感、操作方式、修图效果等诸多方面都有了大幅的提升。

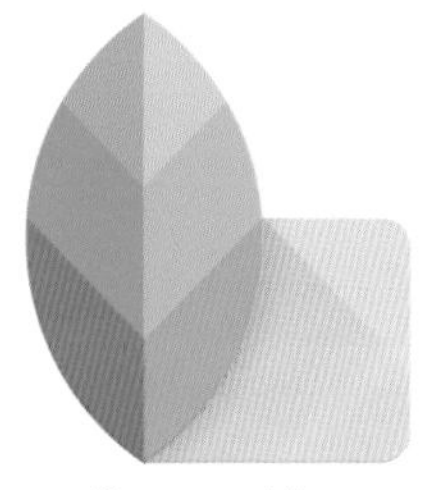

Snapseed App

2.1 Snapseed界面介绍

从手机应用商店下载 Snapseed(免费)。下载完成后，手机桌面上会多一个类似小绿叶的应用图标。点击图标，开启 Snapseed 软件。

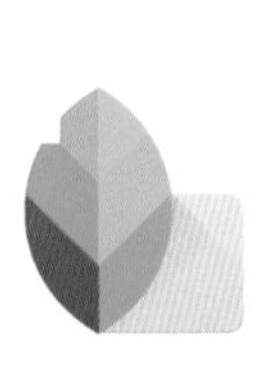

Snapseed

打开Snapseed

开启后，可以根据灰色文字“点按任意位置即可打开照片”提示，在手机屏幕任意位置点击一下，将会弹出打开照片界面；点击左上角的“打开”图标，同样会弹出该界面。

点击界面右上角的 3 个竖排点后，会弹出设置界面，需要我们提前进行设置。

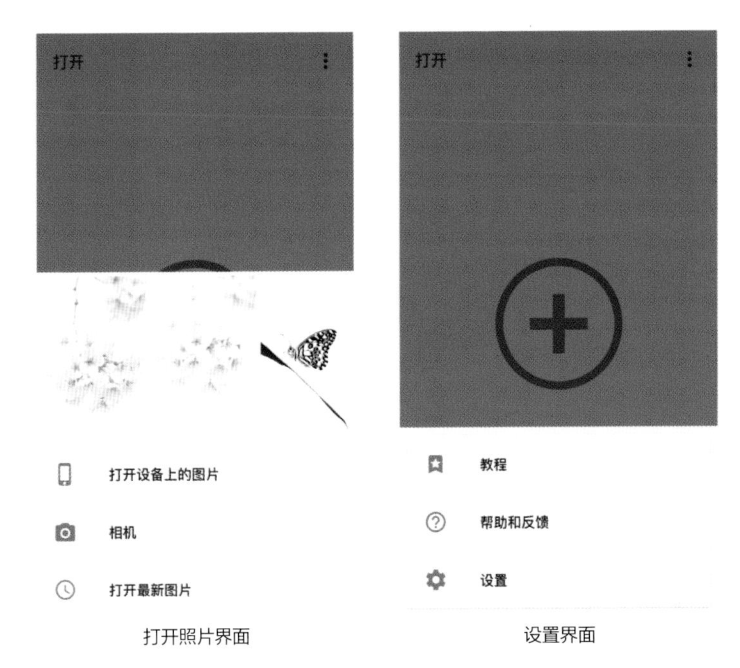

打开照片界面　　　　设置界面

“教程”和“帮助和反馈”选项可以忽略。点击“设置”图标后，打开“导出和分享选项”。

建议勾选“保存到 Snapseed 相册”，将“调整图片大小”设置为“不要调整大小”，将“格式和画质”设置为“JPG 100%”。

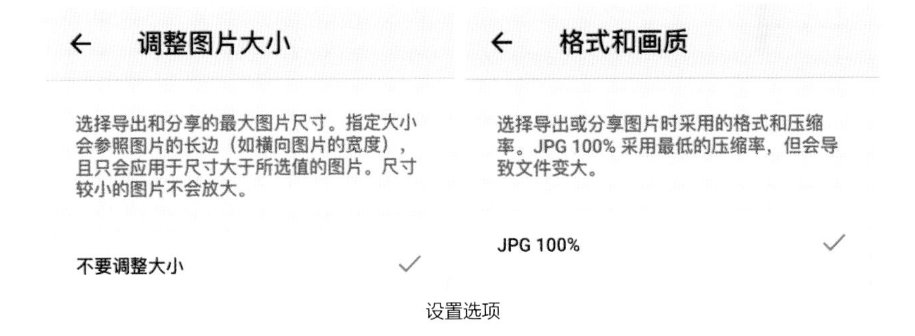

设置选项

2.2 如何导入照片

点击手机屏幕的任意位置或者屏幕左上角的“打开”图标，弹出“打开设备上的图片”界面，如图所示。

按照红色箭头方向滑动，选择需要导入的照片。选择好后，点击照片即可导入 Snapseed 中。

点击 打开设备上的图片，弹出“照片”界面，可以在“相机胶卷”中选择需要的照片。选择好后，点击照片会自动导入 Snapseed 中。

点击 相机，启动手机的相机功能，如图所示。可以使用手机拍摄一张照片后直接导入 Snapseed 中。

点击 打开最新图片，系统会自动将相册中最新的一张照片导入 Snapseed 中。

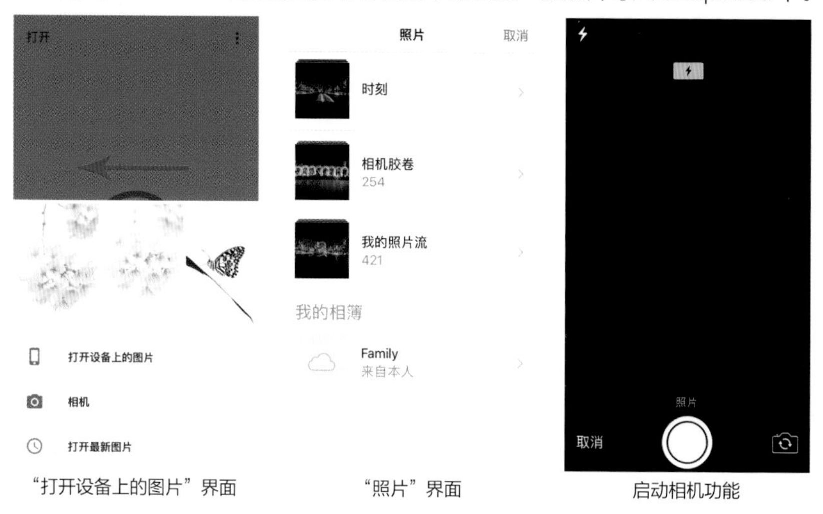

“打开设备上的图片”界面　“照片”界面　启动相机功能

2.3 工具的功能详解和使用

2.3.1 工具界面介绍

将照片导入 Snapseed 后，手机将显示工具界面。

1. “打开”图标

如需更换照片，可以点击左上角的“打开”图标重新选择照片。

2. 图标

点击图标，会显示照片的详细信息，包括拍摄时间、照片编号、文件大小、使用机型、光圈、速度、感光度。

3. 图标

点击图标，会出现如下选项。

①“撤销”，取消上一步对照片的修改。

②“重做”，还原上一步对照片的修改。误点“撤销”可以点击“重做”复原刚才的修改。

③“还原”，取消之前对照片的全部修改，将照片还原成原片。

④“查看修改内容”，可以查看照片的修改顺序和内容。

4.“导出”图标

点击“导出”图标，会出现如下选项。

①“保存”，安卓手机会自动生成一张照片，苹果手机会询问是否修改原片，“修改”原片将被替换，“不允许”则照片没有保存。

②“保存副本”会再生成一张照片，原片不改变。建议苹果手机选择此选项。

③“导出”，生成一张不含任何修改的 JPG 图片，不建议选择。

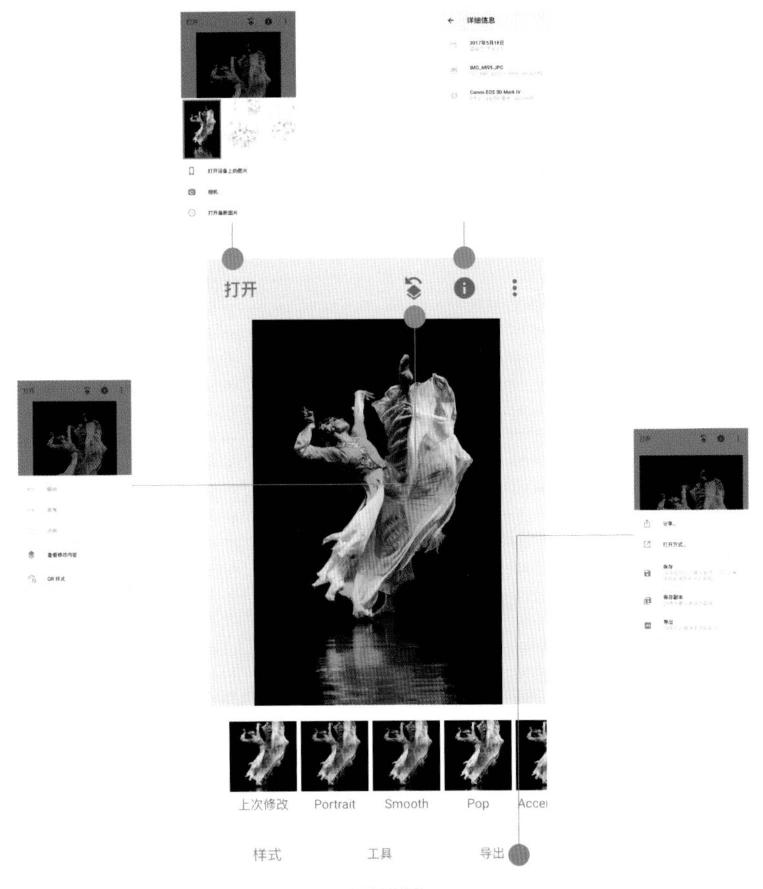

工具界面

5.“样式”图标

样式是 Snapseed 的预设模板，选择不同的样式，照片会根据模板设定自动修改，适合不会修图或者想快速改变照片效果时使用。

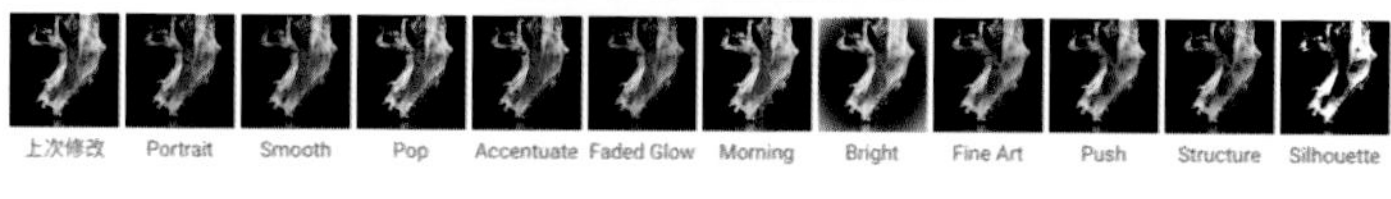

样式

6.“工具”图标

“工具”是 Snapseed 的核心。点击后，向上或向下滑动屏幕，可以看到 Snapseed 的工具有“调整图片”“突出细节”“曲线”“白平衡”“剪裁”“旋转”“透视”“展开”“局部”“画笔”“修复”“HDR 景观”“魅力光晕”“色调对比度”“戏剧效果”“复古”“粗粒胶片”“怀旧”“斑驳”“黑白”“黑白电影”“美颜”“头部姿势”“镜头模糊”“晕影”“双重曝光”“文字”“相框”。

Snapseed 其实就是一个简化的手机版 Photoshop，这些功能完全可以满足大家的日常修片需求。

工具

2.3.2 各种工具的使用方法

1. 调整图片

“调整图片”在修图中使用的次数最多。点击“调整图片”工具，结果如下图所示。

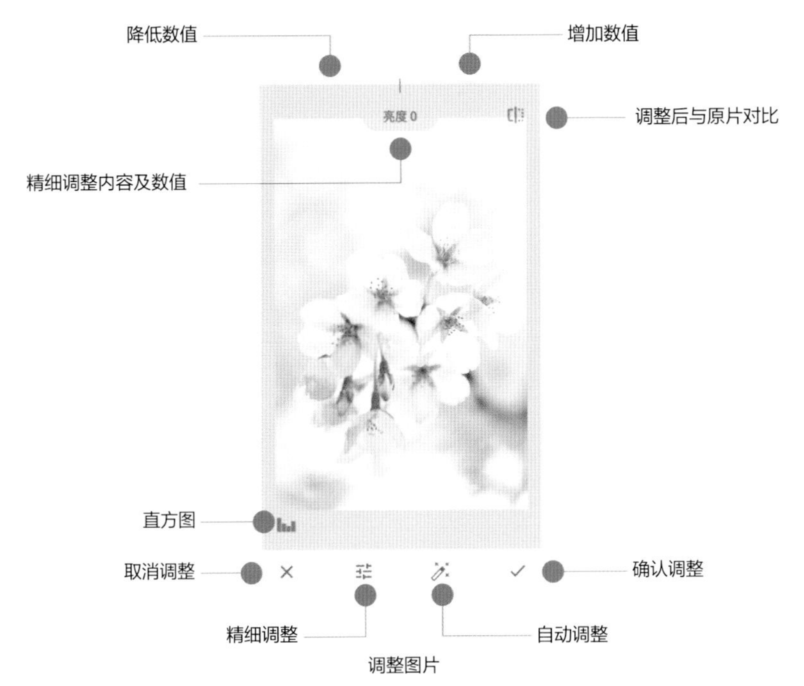

调整图片

点击 图标，Snapseed 会自动调整数值，点击右上角的“调整后与原片对比”图标可查看调整后与原片的差别。确认调整点击√图标，取消调整点击 × 图标。需要精细调整可以点击 图标，通过上下移动屏幕蓝条，选择需要精细调整的内容，向右增加数值，向左降低数值。调整完成后，确认调整点击√图标。“直方图”在调整过程中只起到参考作用，可以忽略其存在。

自动调整　　精细调整

亮度：可以调整照片变亮或者变暗。手指在屏幕上，向右滑动增加亮度数值，照片变亮；向左滑动降低亮度数值，照片变暗。

亮度-100　亮度-50

亮度+50　亮度+100

对比度：可以调整照片亮与暗的层次差别。手指在屏幕上，向右滑动增加数值，照片对比度增加，亮的更亮，暗的更暗；向左滑动减少数值，照片对比度降低，亮的不亮，暗的不暗。

对比度-100　　对比度-50

对比度+50　　对比度+100

饱和度：可以调整照片颜色的鲜艳程度。手指在屏幕上，向右滑动增加数值，照片饱和度增加，颜色变得更加鲜艳；向左滑动减少数值，照片饱和度降低，颜色变得不鲜艳，数值为 -100 时，会变成黑白照片。

饱和度-100

饱和度-50

饱和度+50

饱和度+100

氛围：可以调整照片的明暗度和饱和度，并改变光效。手指在屏幕上，向右滑动增加数值，照片整体变暗，饱和度增加；向左滑动减少数值，照片整体变亮，饱和度降低。

氛围-100

氛围-50

氛围+50

氛围+100

高光：只调整照片亮部的层次，暗部不受影响。手指在屏幕上，向右滑动增加数值，明亮的部分会更亮，细节层次变少；向左滑动减少数值，明亮的部分会变暗，细节层次变多。

高光-100

高光-50

高光+50

高光+100

阴影：只调整照片暗部的层次，亮部不受影响。手指在屏幕上，向右滑动增加数值，暗的部分会更亮，细节层次变多；向左滑动减少数值，暗的部分会更暗，细节层次变少。

阴影-100　阴影-50

阴影+50　阴影+100

暖色调：可以调整照片颜色整体变蓝（冷色调）或者变黄（暖色调），手指在屏幕上，向右滑动增加数值，照片变黄，色调变暖；向左滑动减少数值，照片变蓝，色调变冷。

暖色调-100　　暖色调-50

暖色调+50　　暖色调+100

2. 突出细节

点击“突出细节”工具，如下图所示。

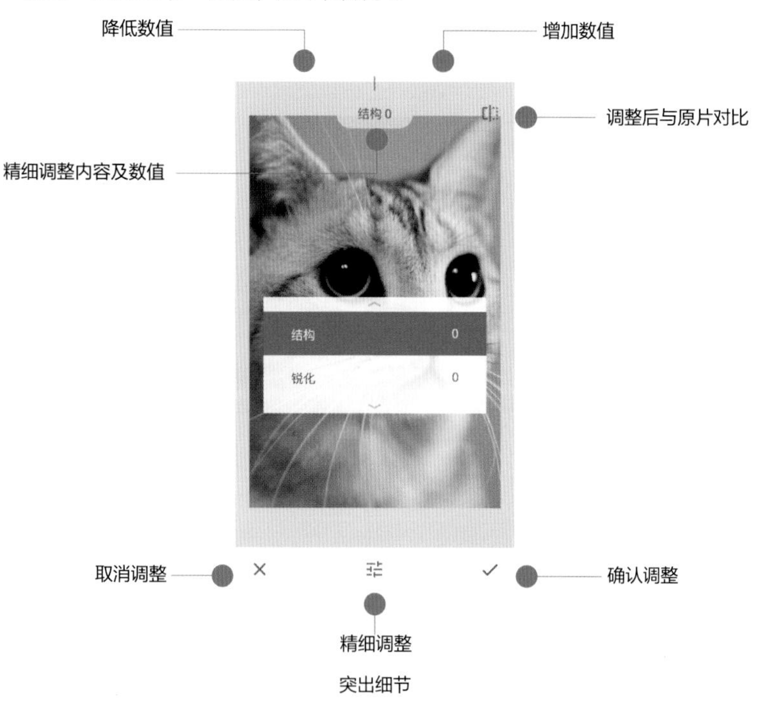

突出细节

点击右上角的“调整后与原片对比”图标可查看调整后与原片的差别。确认图片调整点击√图标，取消图片调整点击 × 图标。需要精细调整可以点击图标，通过上下移动屏幕蓝条，选择需要精细调整的内容，向右增加数值，向左降低数值。调整完成后，确认调整点击√图标。

结构：可以调整照片整体的清晰度。手指在屏幕上，向右滑动增加数值，照片整体清晰度增加，尤其是物体的轮廓线和边缘非常清晰；向左滑动降低数值，照片整体清晰度降低，数值为 -100 时，照片所有的细节都模糊不清。

结构-100

结构-50

结构+50

结构+100

锐化：可以提升照片中清晰部分的清晰度。手指在屏幕上，向右滑动不断增加数值，照片中清晰部分的清晰度会继续增加，但是对模糊的部分没有影响。锐化程度只能增加，不能降低。

锐化+25

锐化+50

锐化+75

锐化+100

“突出细节”工具主要用于后期增加照片的清晰度，偶尔也会降低“结构”数值达到模糊效果，是手机后期修图常用的功能。

3. 曲线

点击“曲线”工具，如下图所示。

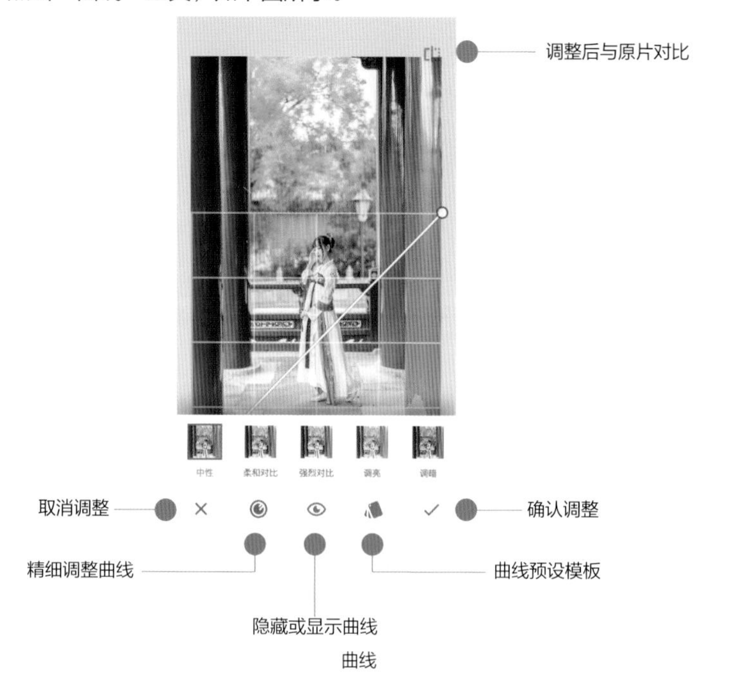

曲线

Snapseed 的曲线和 Photoshop 的曲线基本一样，都是对照片的亮度和 RGB 三色通道进行调整。

点击右上角的“调整后与原片对比”图标可查看调整后与原片的差别。

点击 ◎ 图标可以隐藏或者显示曲线的变化。精细调整时，需要显示曲线。

点击 ◎ 图标可以精细调整曲线中的 RGB(RGB 是对红、绿、蓝同时调整)、红色、绿色、蓝色、亮度。

RGB

红色

绿色　　蓝色　　亮度

点击图标可以隐藏或者显示曲线预设模板。左右滑动屏幕，选择各种预设模板，照片效果各不相同。确认调整点击√图标，取消调整点击 × 图标。

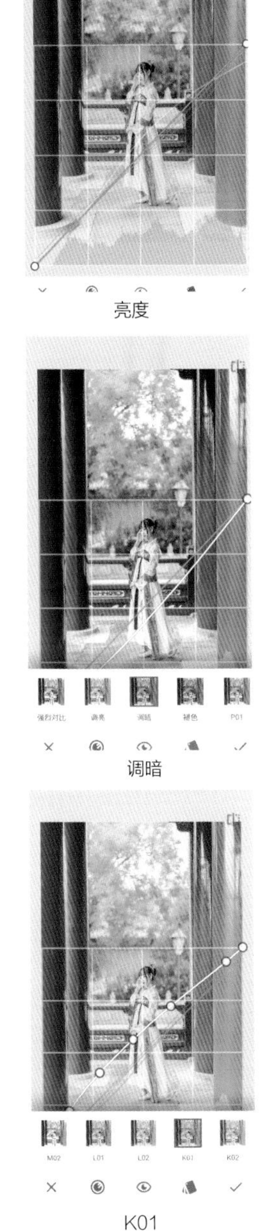

强烈对比　　调暗

P01　　A01　　K01

在点选过程中，仔细观察曲线预设模板的变化，会发现柔和对比、强烈对比、调亮、调暗、褪色只对 RGB 和亮度两条曲线调整，而后面以字母开头的预设模板是对 RGB、红色、绿色、蓝色、亮度 5 条曲线逐一调整后得到的效果，可根据个人喜好选择。

4. 白平衡

点击“白平衡”工具，如下图所示。

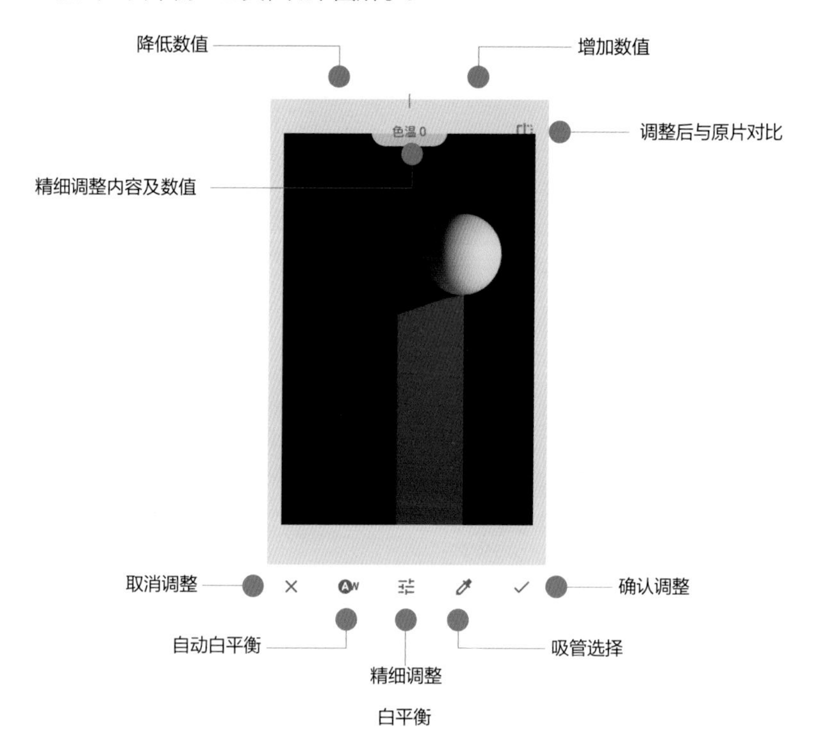

白平衡

点击右上角的“调整后与原片对比”图标可查看调整后与原片的差别。点击Aw图标，Snapseed 会自动调整色温和着色数值，确认调整点击√图标，取消调整点击 × 图标。

精细调整可以点击☷图标，通过上下移动屏幕蓝条，选择精细调整的内容，向右增加数值，向左降低数值。调整完成后，确认图片调整点击√图标。

点击✐图标，照片上会弹出一个黑色放大镜，根据灰色吸管中间红色加号的位置选择颜色，Snapseed 会自动调整“色温”和“着色”数值。

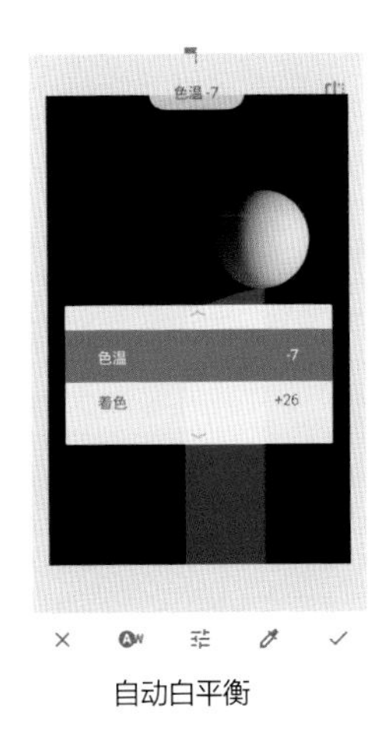

自动白平衡

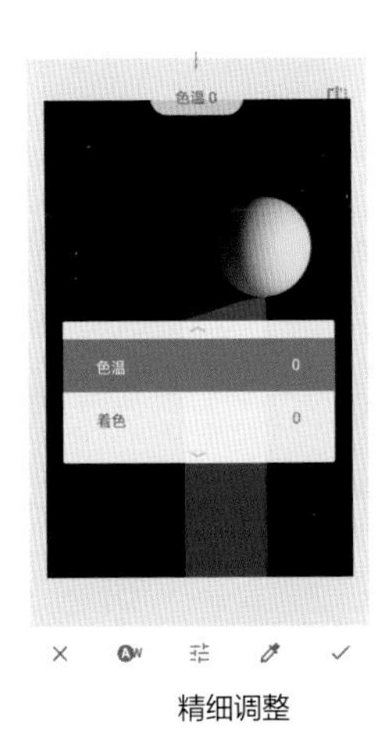

精细调整

色温：色温和单反相机白平衡里的色温相同，色温数值高，照片偏黄；色温数值低，照片偏蓝。手指在屏幕上，向右滑动增加色温，照片偏黄；向左滑动降低色温，照片偏蓝。

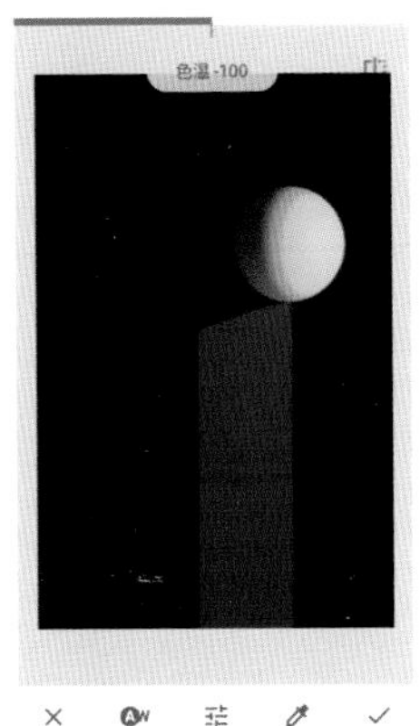

色温-100

色温-50

色温+50

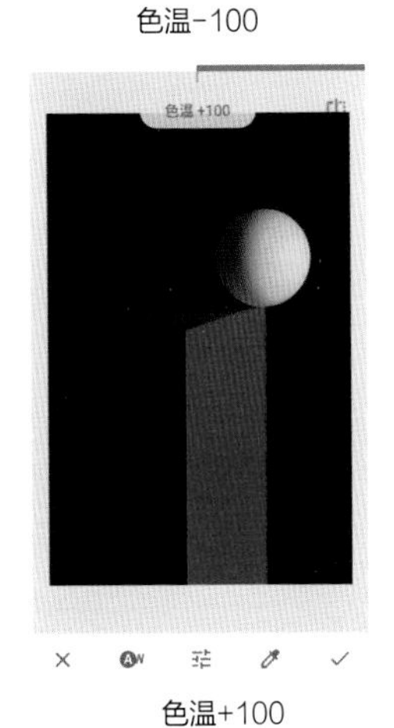

色温+100

着色：着色和单反相机里的色调相同。手指在屏幕上，向右滑动增加品红色，照片偏紫红色；向左滑动增加绿色，照片偏黄绿色。

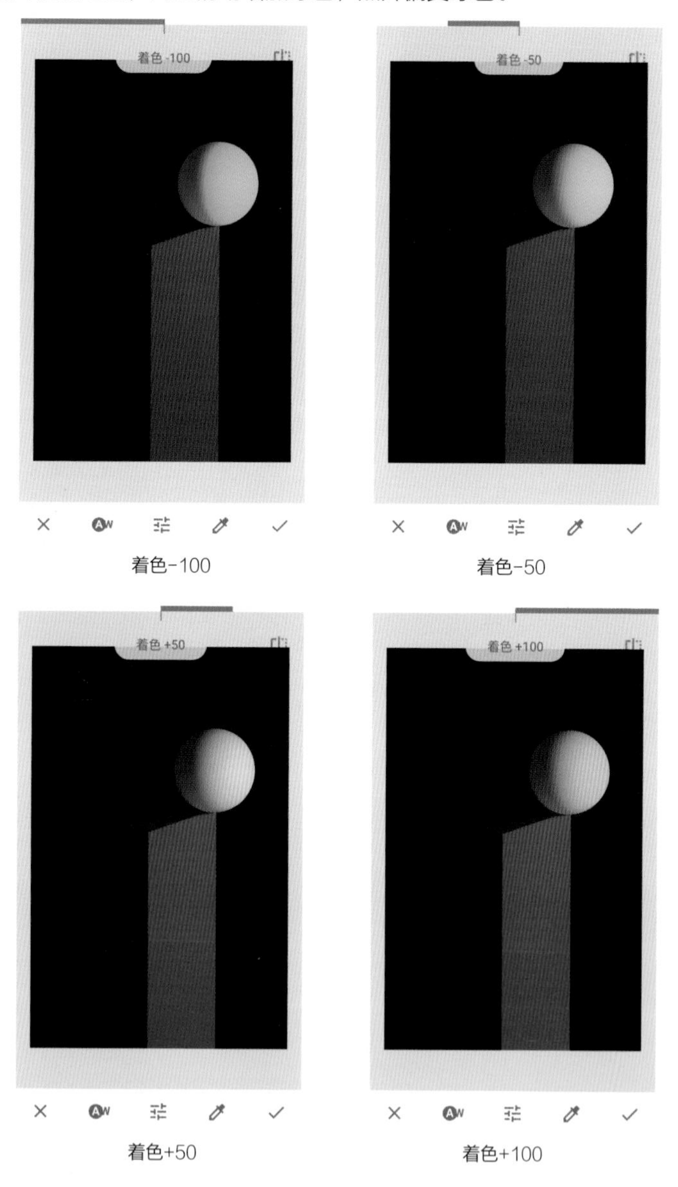

着色-100　着色-50

着色+50　着色+100

5. 剪裁

点击“剪裁”工具，如下图所示。

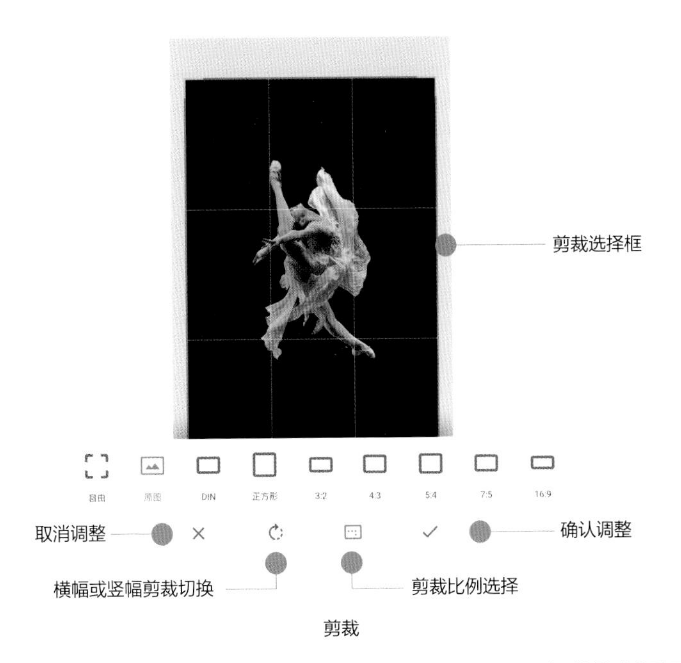

剪裁

点击 图标，剪裁选择框会按照选择的比例在横幅和竖幅剪裁之间切换。

点击 图标可以选择不同的剪裁比例，“自由”是按照任意比例剪裁，“原图”是按照照片原始尺寸比例剪裁，DIN 是按照欧洲页面高宽比例剪裁，“正方形”是按照 1 : 1 比例剪裁，“3 : 2”是按照 135 相机比例剪裁，“4 : 3”是按照电视比例剪裁，“5 : 4”是按照大画幅座机比例剪裁，“7 : 5”是按照美国 5×7 大画幅座机比例剪裁，“16 : 9”是按照电影宽屏比例剪裁，左右移动屏幕上出现的各种比例尺寸，手指点击即可。

拖动剪裁选择框的边角，可按选择的比例调整剪裁框的大小，将手指放在剪裁选择框中，可以在照片范围内移动剪裁框的位置。选择好后，确认剪裁点击√图标，取消剪裁点击 × 图标。

剪裁照片中多余的部分，可以更好地突出主体，是手机后期修图中常用的功能。

竖幅5 : 4

横幅5：4　自由剪裁　原图剪裁

DIN剪裁　正方形剪裁　3：2剪裁

4：3剪裁　7：5剪裁　16：9剪裁

6. 旋转

点击“旋转”工具，如下图所示。

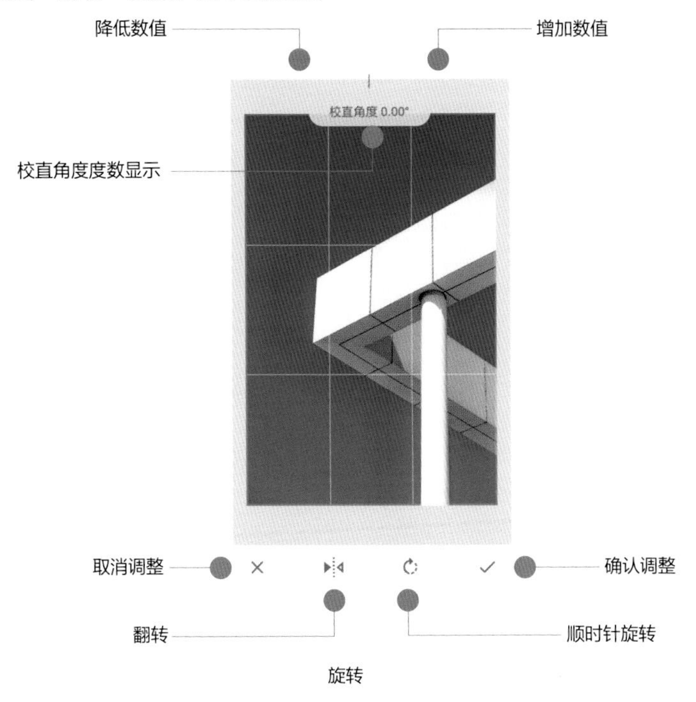

旋转

点击▸◂图标，照片可以左右翻转。

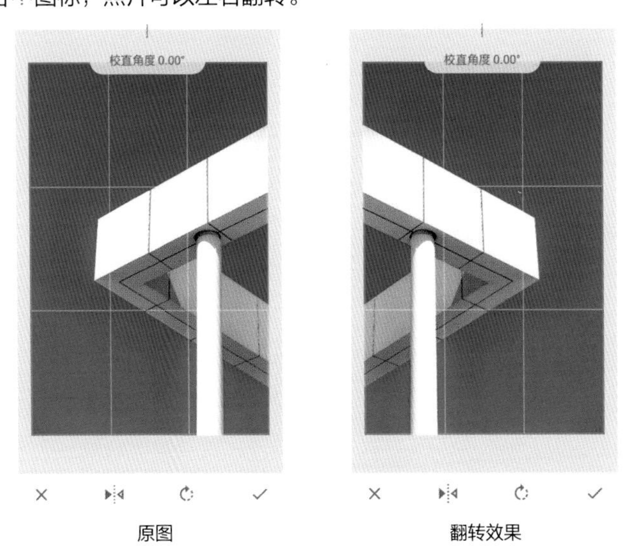

原图　　翻转效果

点击 图标，照片按顺时针方向旋转，点击一次旋转 90°，可连续点击，直到旋转合适为止。

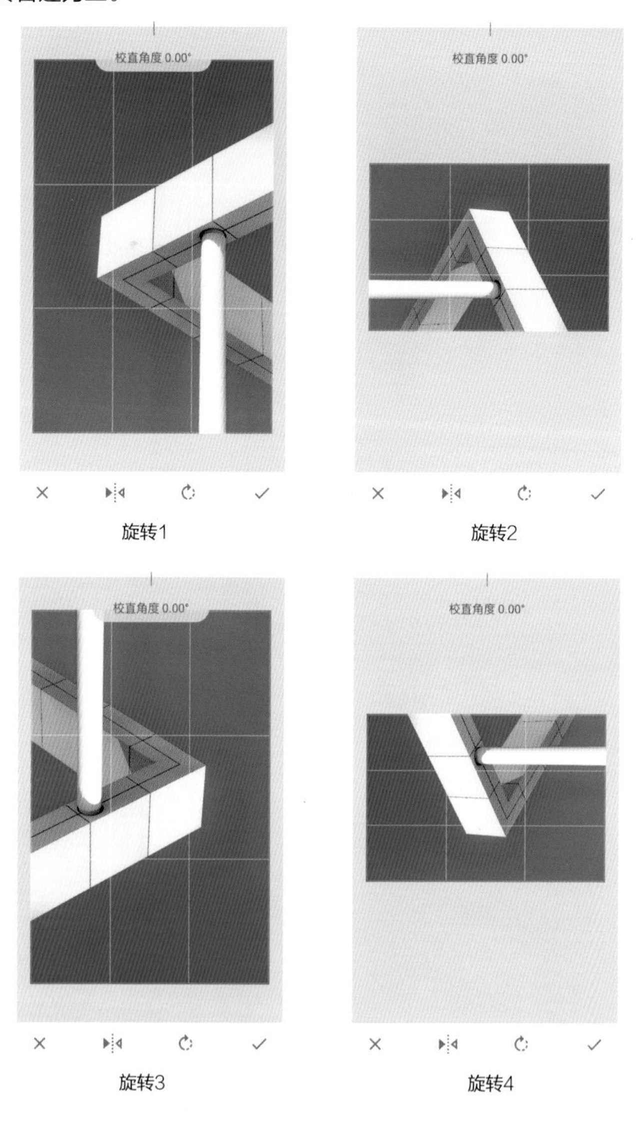

旋转1　　旋转2

旋转3　　旋转4

当照片不垂直时，“旋转”工具会自动帮助校正。如果想尝试特殊角度，手指在屏幕上，向右滑动增加角度，照片向右旋转；向左滑动减少角度，照片向左旋转。

通过旋转照片，可以获得不同的角度，创造出新奇的视觉效果。

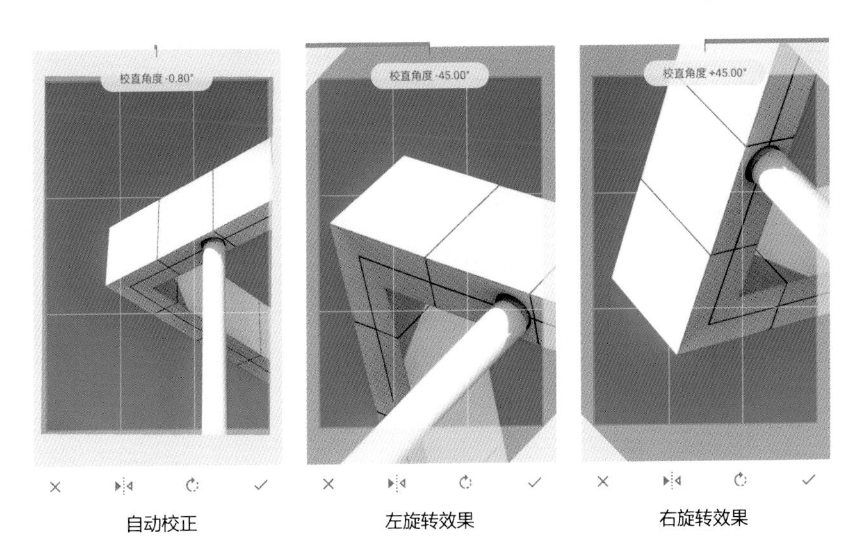

自动校正　　左旋转效果　　右旋转效果

7. 透视

点击“透视”工具，如下图所示。

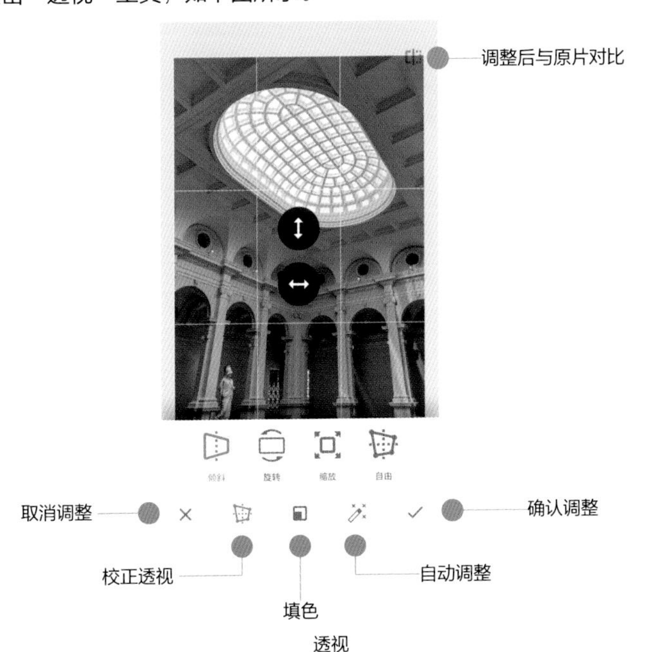

透视

点击右上角的“调整后与原片对比”图标可查看调整后与原片的差别。

“透视”工具主要用于校正建筑照片所呈现的金字塔型透视问题。校正透视分为倾斜、旋转、缩放、自由 4 种方式。

1) 倾斜

倾斜可以是上下箭头的垂直角度，也可以是左右箭头的水平角度。

垂直角度：垂直角度是拉伸或者收紧上下边缘，进而改变透视的方法。手指在屏幕上，向上滑动增加垂直角度，照片上面边缘收紧，下面边缘拉伸，如变形；向下滑动减少垂直角度，照片上面边缘拉伸，上面边缘收紧，如变形。

水平角度：水平角度是拉伸或者收紧左右边缘，进而改变透视的方法。手指在屏幕上，向左滑动增加水平角度，照片左边缘收紧，右边缘拉伸，如变形；向右滑动减少水平角度，照片左边缘拉伸，右边缘收紧，如变形。

2) 旋转

根据箭头指示方向，旋转围绕照片中心，在旋转过程中，软件自动填充边缘（并不保证完美）。

垂直角度1

垂直角度2

水平角度1

水平角度2

左旋转

右旋转

3) 缩放

根据箭头指示方向，向上或者向下缩放照片，在缩放过程中，软件自动填充空白处（并不保证完美）。

上下缩放

左右缩放

4) 自由

根据箭头指示方向，可以向 4 个角自由拉扯照片，改变照片的透视。

自由1

自由2

自由3

自由4

点击“填色”图标，Snapseed 会根据选择的填色内容对照片在调整完透视后留下的区域进行填充。“智能填充”是根据照片的周围环境模拟填充。

点击“自动调整”图标，屏幕会出现“已完成自动调整”，但是个人觉得没有什么效果。

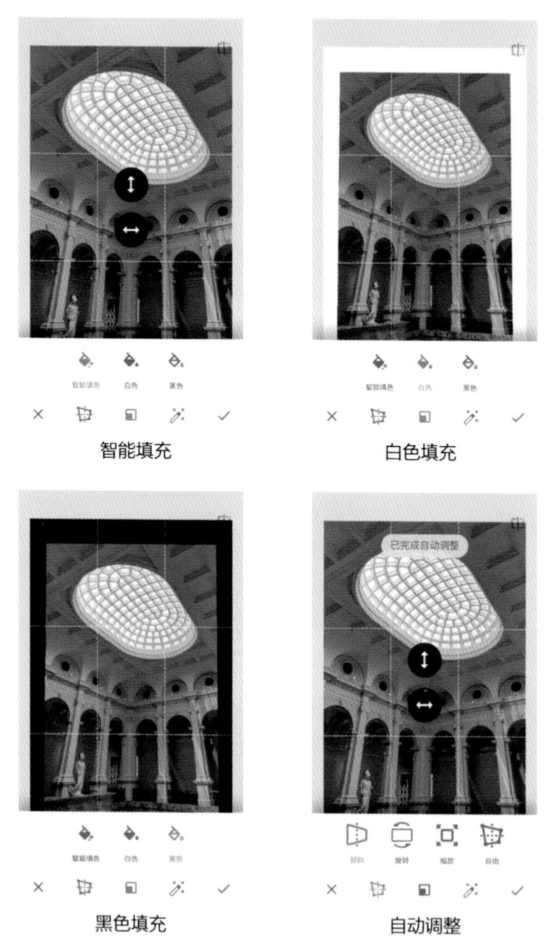

智能填充　白色填充

黑色填充　自动调整

8. 展开

“展开”的作用是扩充画幅面积或者给画面扩展一个白色或者黑色的边缘。

点击右上角的“调整后与原片对比”图标可查看调整后与原片的差别。确认调整点击√图标，取消调整点击 × 图标。

点击图标可以选择需要填充的内容，包括智能填色、白色、黑色。

点击“展开”工具，如下图所示。

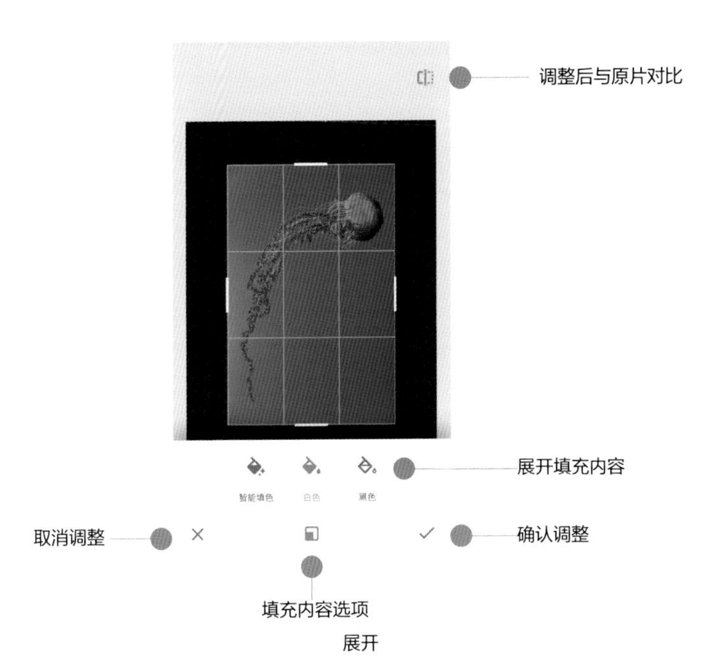

展开

智能填色：展开后的照片会根据周围的颜色智能填充。如果色彩单一，展开的效果就会很好，如果周围颜色多，会出现穿帮的地方，需要“修复”工具修补一下。

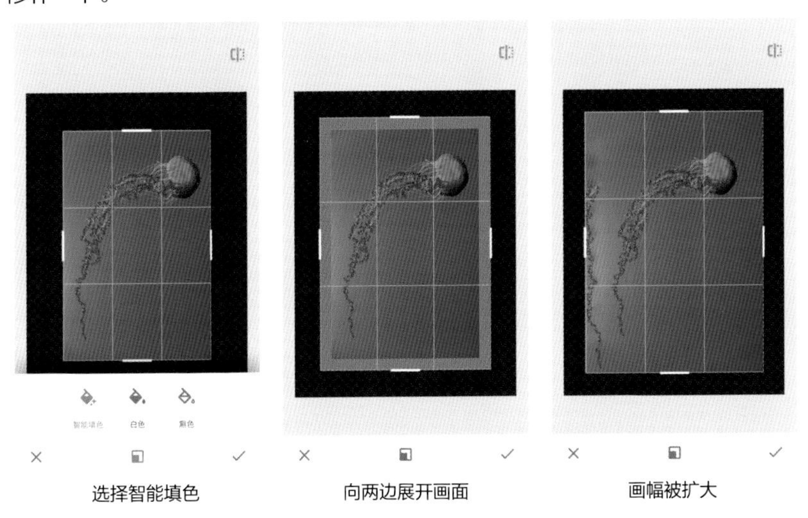

选择智能填色　　向两边展开画面　　画幅被扩大

白色：选择白色后，拇指和食指向两边分开，按照片的原始比例放大并填充白色，使照片周围有一圈白边。

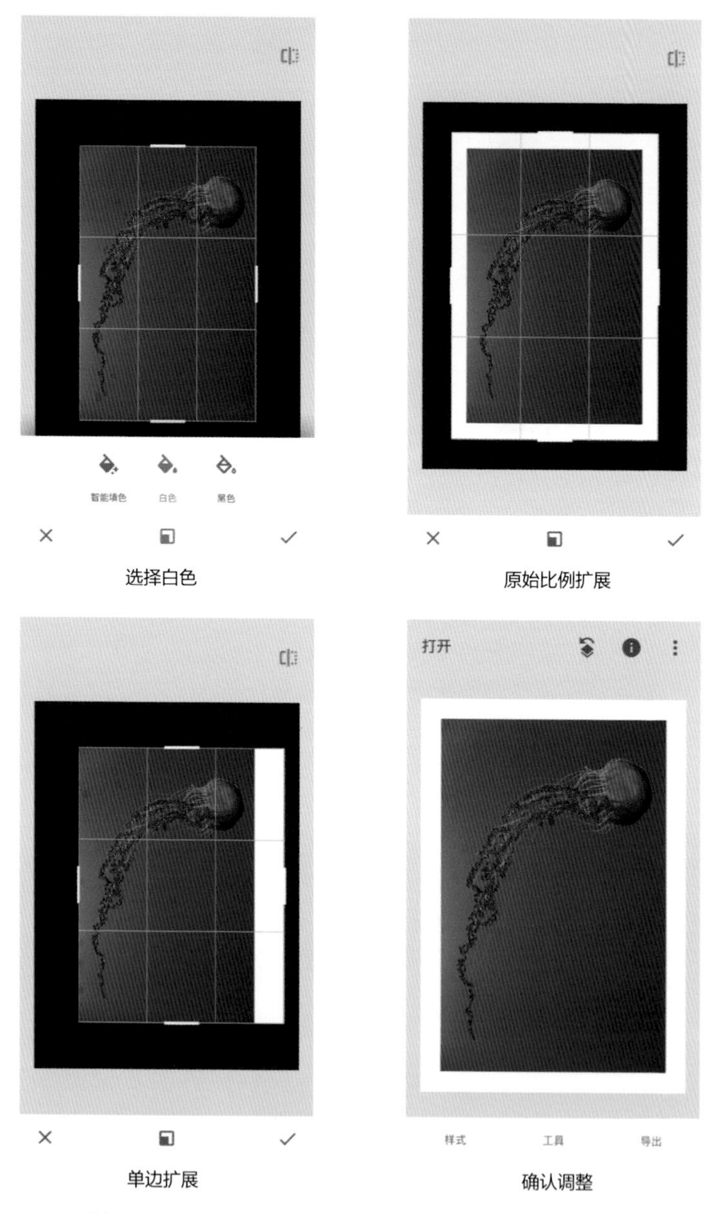

选择白色

原始比例扩展

单边扩展

确认调整

黑色：选择黑色后，拇指和食指向两边分开，按照片的原始比例放大并填充黑色，使照片周围有一圈黑边。

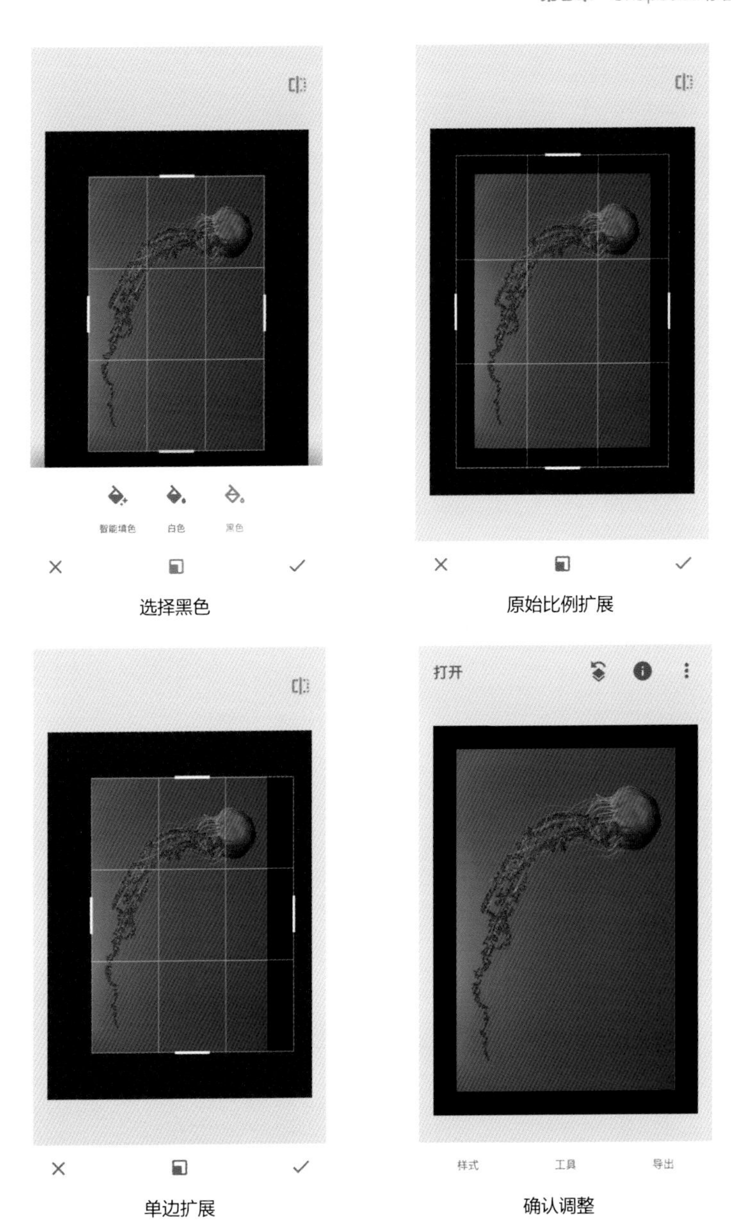

选择黑色

原始比例扩展

单边扩展

确认调整

9. 局部

点击“局部”工具，如下图所示。

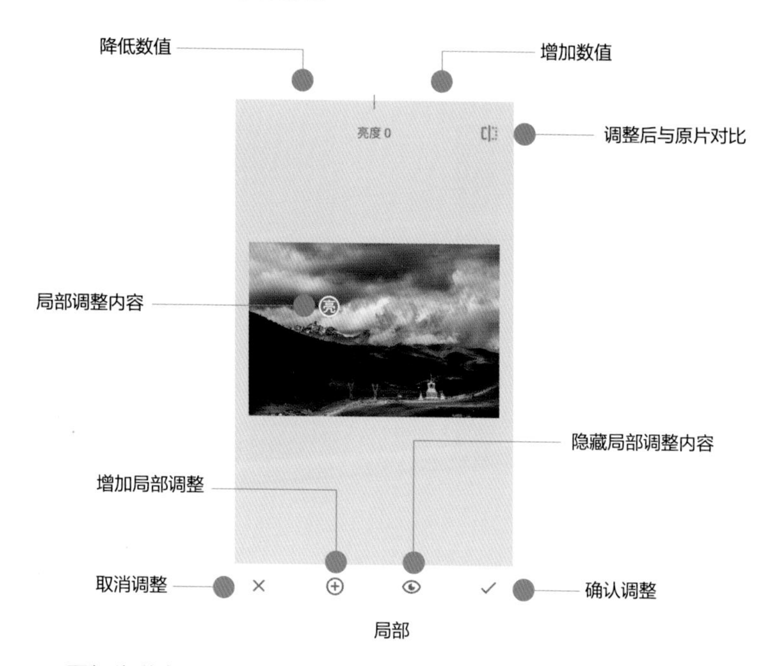

局部

⊕图标为蓝色时，在需要局部调整的位置点击一下，照片上会显示需要局部调整的内容，默认为“亮度”，还有“对比度”“饱和度”和“结构”。手指在屏幕上滑动，选择局部调整内容，蓝色停留在哪个字上，就代表调整内容是什么。手指在屏幕上，向右滑动增加数值，向左滑动减少数值。

局部调整时，屏幕上会显示局部调整的内容及相对应的加减数值，点击👁图标，局部调整的内容及数值将被隐藏，方便观看局部修改后的照片。

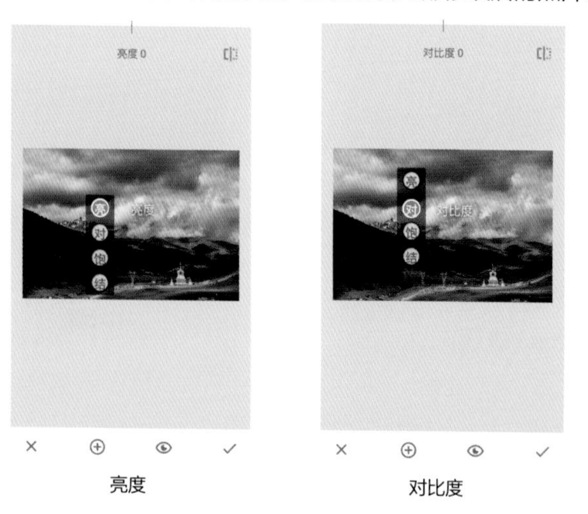

亮度　　　　对比度

饱和度

结构

拇指和食指在需要调整的内容上分开或者合拢，会出现一个圆形局部调整范围，红色区域是局部调整影响的重点区域。范围越大，调整的面积越大；范围越小，调整的面积越小。

小范围

小范围增加亮度

大范围

大范围增加亮度

没有增加“局部”时，⊕图标为蓝色。在照片上点击使用后，图标变为⊕灰色。

如果想再增加一个局部调整怎么操作呢？点击⊕图标，发现它又变回原来的蓝色⊕图标，在照片需要局部调整的位置点击，就多了一个局部调整，此方式可循环操作。

图标为蓝色

图标为灰色

局部调整1

局部调整2

局部选项为蓝色时（灰色的点击一下即可变成蓝色），按住会出现放大镜和红色十字，这样可以精确地选择需要局部调整的位置。

在局部选项上点击一下，会出现“剪切”“拷贝”“删除”和“重置”选项。

(1) 选择“剪切”后，已有局部选项消失，在需要局部修改的位置点击一下，出现“粘贴”，点击“粘贴”。剪切的局部选项就移动到新的位置。

(2) 选择“拷贝”后，已有局部选项不变，在需要局部修改的位置点击一下，出现“粘贴”，点击“粘贴”。拷贝的局部选项粘贴至新的位置上，同时出现两个一样的局部修改。

(3) 选择“删除”后，已有局部选项被删除。

(4) 选择“重置”后，局部选项所有调整的数值全部被归零。

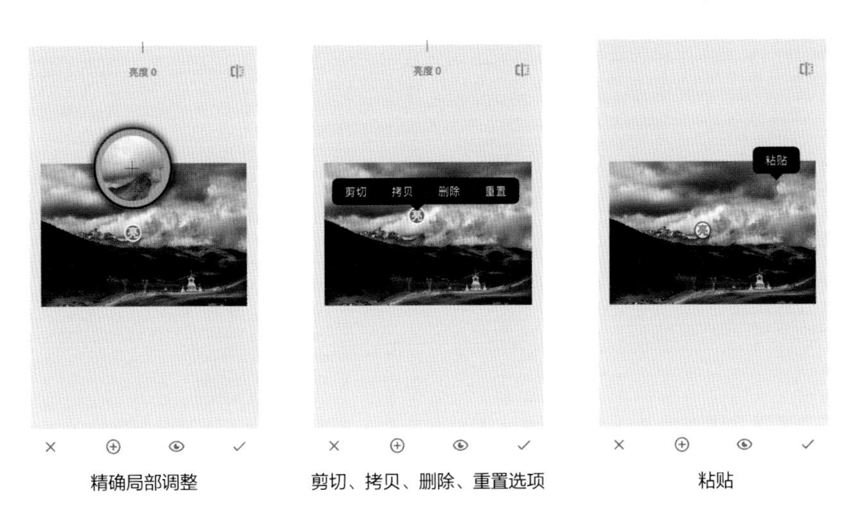

精确局部调整　　剪切、拷贝、删除、重置选项　　粘贴

10. 画笔

点击“画笔”工具，如下图所示。

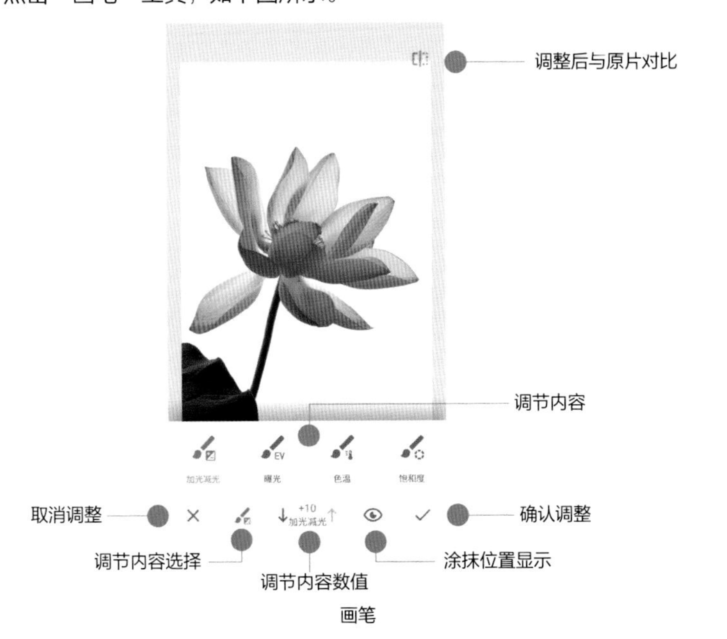

画笔

“画笔”工具像是在照片上作画，通过手指的滑动，改变照片局部的明暗、曝光、色温、饱和度，是手机修图中常用的工具。

点击图标，选择调节的内容，其中包含“加光减光”“曝光”“色温”“饱和度”。选择内容后，通过点击向上箭头增加数值或向下箭头减少数值，来改变画笔对照片的影响。

加光减光：通过手指的涂抹，可以局部进行加光（提亮）、减光（变暗）处理。手指点击向上箭头，+5、+10 加光；点击向下箭头，−5、−10 减光。中间显示“橡皮擦”时可擦除加光减光，恢复照片原始亮暗。如果不小心擦亮或者擦暗了，可以用橡皮擦掉重来。

加光+10

加光+5

减光−5

减光−10

曝光：通过手指的涂抹，可以局部增加曝光或者减少曝光。手指点击向上或者向下箭头改变数值，和单反相机曝光补偿一样，+0.3、+0.7、+1.0 是加曝光，−0.3、−0.7、−1.0 是减曝光。中间显示“橡皮擦”时可擦除加减曝光，恢复照片原始亮暗。

“曝光”和“加光减光”都可以改变照片的亮暗，个人觉得区别是“曝光”是 ±1/3 档调节，更精确一些。

曝光+1.0　　曝光+0.7　　曝光+0.3

曝光-0.3　　曝光-0.7　　曝光-1.0

色温：通过手指的涂抹，可以进行局部色温的改变处理，使照片变蓝（降低色温）或者变黄（增加色温）。手指点击向上箭头，+5、+10 表示增加色温；手指点击向下箭头，-5、-10 表示降低色温。中间显示的“橡皮擦”可擦除之前的加减色温，恢复照片原始色温。

色温+10

色温+5

色温-5

色温-10

饱和度：通过手指的涂抹，可以局部增加或者降低饱和度。手指点击向上箭头，+5、+10 表示增加饱和度；手指点击向下箭头，-5、-10 表示降低饱和度。中间显示的“橡皮擦”可擦除之前的加减饱和度，恢复照片原始饱和度。

饱和度+10

饱和度+5

饱和度-5

饱和度-10

缩放照片："画笔"工具局部精细修饰时，需要缩放照片。

在屏幕上，拇指和食指向两边分开，照片放大；拇指和食指向中间并拢时，照片缩小。双击屏幕，照片可放大至最大或者缩减至最小。

照片缩放后，屏幕左下角会出现一个白边的矩形，移动中间的蓝框可改变图片的显示位置。照片缩放后，必须通过移动蓝框来改变照片的显示位置。如果手指挪动照片，会对照片进行"画笔"修改。

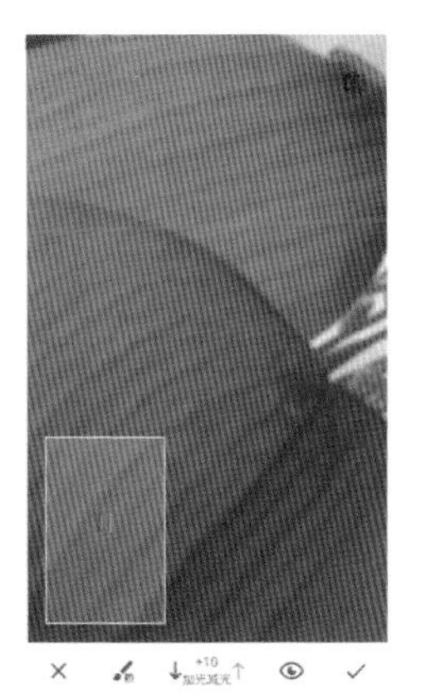

双击放大至最大

放大　　缩小　　拖动蓝框移动图片

"画笔"工具与"局部"工具比较如下。

相同点：

都可以调节照片局部的亮度和饱和度。

不同点：

(1)"画笔"工具可以单独调节"色温"，"局部"工具可以调节"对比度"和"结构"。

(2)"画笔"工具可以根据手指的位置任意调整，"局部"工具只能根据圆圈的范围调整。

点击◉图标，屏幕上会显示红色涂抹区域，再次点击"眼睛"图标，红色涂抹区域消失。该功能主要是帮助大家了解画笔的涂抹区域和范围。

11. 修复

点击"修复"工具，如下图所示。

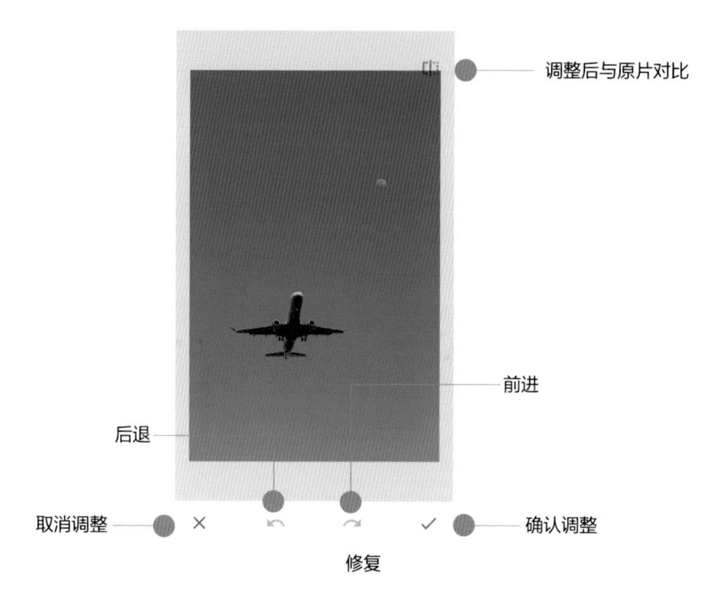

修复

在修复过程中，操作错误点击↶图标是后退功能，如果不小心后退功能点多了，点击↷图标是前进功能。

“修复”功能很像Photoshop中的“创可贴”，使用非常简单。在需要修复的位置用手指涂抹一下，涂抹的区域呈现红色，当红色区域消失后，多余的素材自动清除。所以“修复”工具主要用于修饰照片中多余或者穿帮位置的元素，使照片构图变得整洁干净，无瑕疵。

“修复”工具的原理是将附近的颜色替换到涂抹位置，所以，涂抹位置附近的颜色越单一，面积越大，越好修复，否则会增加更多不需要的元素。

修复过程

12. HDR 景观

“HDR 景观”是让照片亮部不过曝，暗部有细节的调整。它的选项分为自然、人物、精细、强。每个选项的处理方式和侧重点不同，可根据需要选择。

点击“HDR 景观”工具，如下图所示。

点击☷图标，可以对“HDR 景观”进行精细调整，其中包含滤镜强度、亮度、饱和度几项。

滤镜强度：滤镜强度数值增加越多，HDR 的效果就越明显，过曝和欠曝位置的细节越多。但是该数值不能增加太多，否则照片会显得有点假。

亮度：亮度数值增加，照片会整体变亮。

饱和度：饱和度数值增加，照片颜色会变得更加鲜艳。

13. 魅力光晕

点击“魅力光晕”工具，如下图所示。

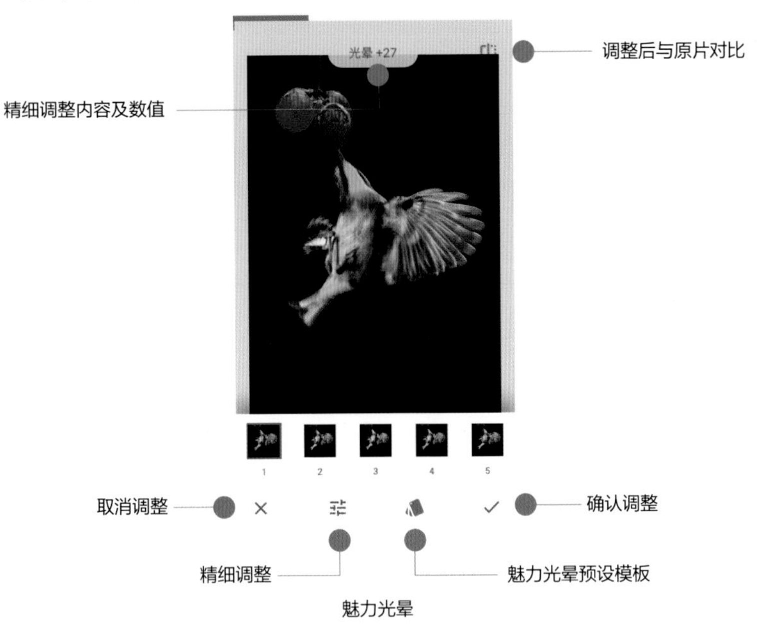

魅力光晕

魅力光晕预设模板有5种。点击数字1~5，照片会自动变化。数字不同，对应的光晕、饱和度、暖色调数值不同。

模板1

模板2

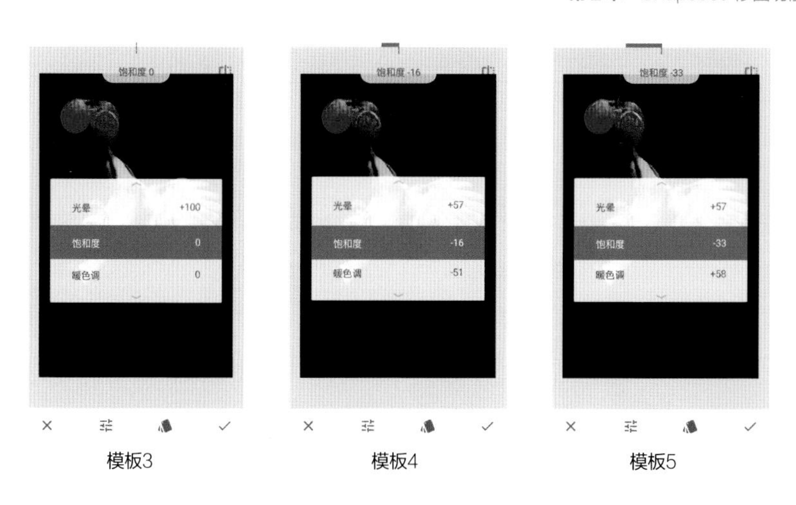

模板3　　　模板4　　　模板5

14. 色调对比度

点击“色调对比度”工具，如下图所示。

色调对比度

点击☷图标，可以对高色调、中色调、低色调、保护高光、保护阴影进行调整。

高色调：高色调只对照片中亮的部分进行对比度调整，让亮的部分明暗拉开层次。数值越大，亮的部分对比度越强。

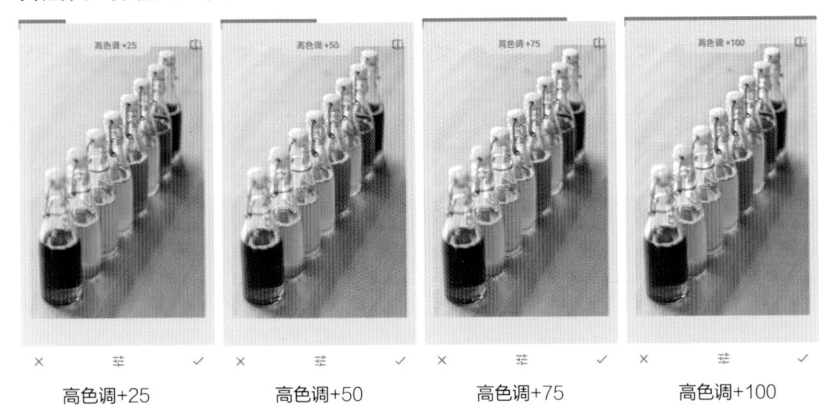

高色调+25　　高色调+50　　高色调+75　　高色调+100

中色调：中色调只对照片中不亮也不暗的中间部分进行对比度调整，使这一部分明暗拉开层次。数值越大，中间部分对比度越强。

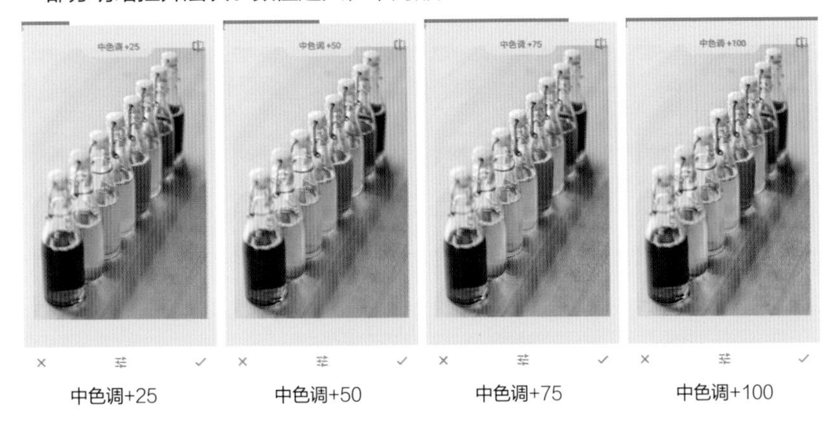

中色调+25　　中色调+50　　中色调+75　　中色调+100

低色调：低色调只对照片中暗的部分进行对比度调整，让暗的部分明暗拉开层次。数值越大，暗的部分对比度越强。

保护高光：保护照片中的高光位置的细节，很像“调整图片”中减高光数值。随着数值增加，明亮的部分会变暗，细节层次变多。

保护阴影：保护照片中的暗部位置的细节，很像“调整图片”中加阴影数值。随着数值增加，阴影的部分会变亮，细节层次变多。

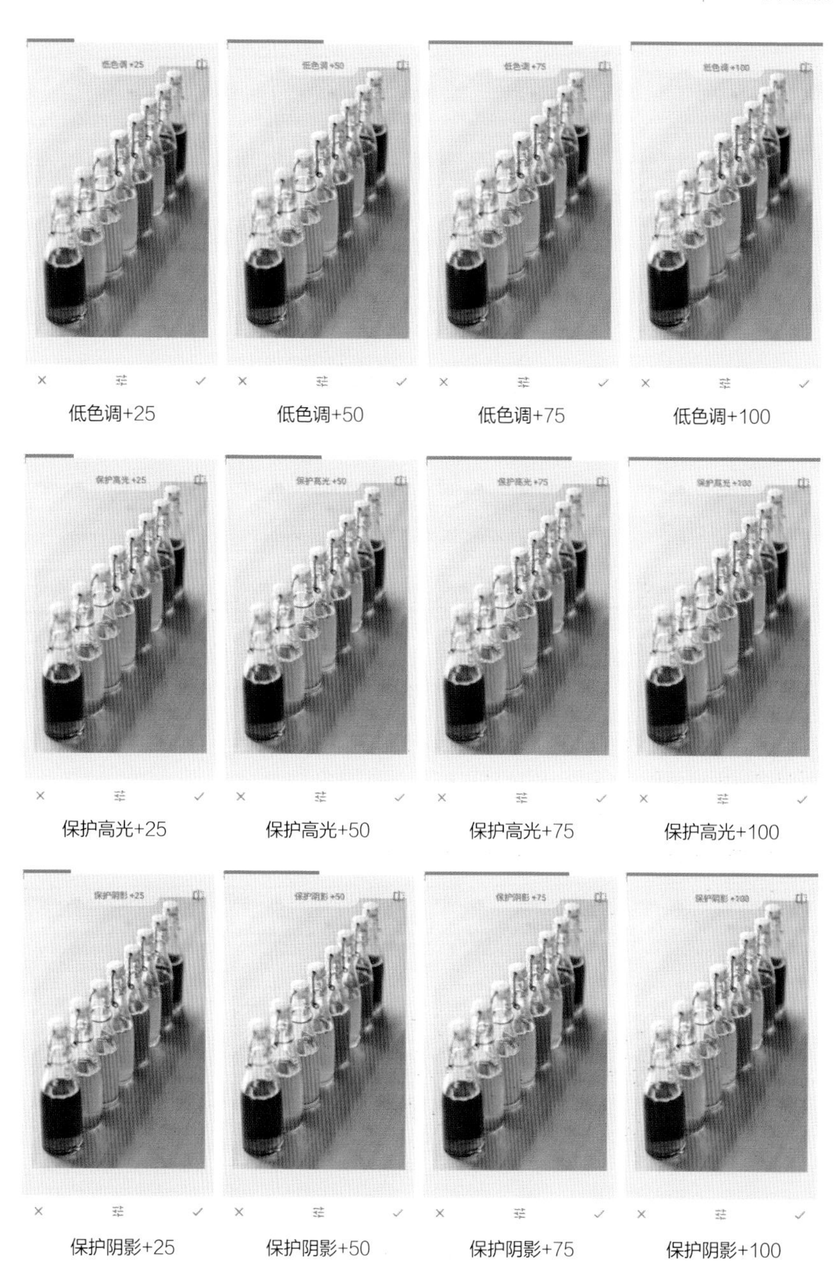

低色调+25　低色调+50　低色调+75　低色调+100

保护高光+25　保护高光+50　保护高光+75　保护高光+100

保护阴影+25　保护阴影+50　保护阴影+75　保护阴影+100

15. 戏剧效果

点击“戏剧效果”工具，如下图所示。

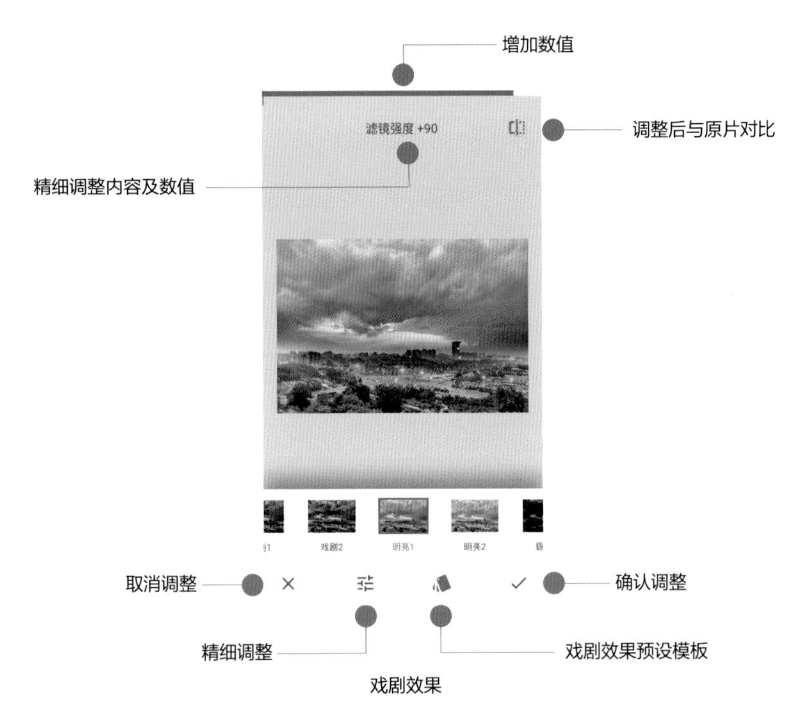

戏剧效果

戏剧效果预设模板有 6 种，包括戏剧 1、戏剧 2、明亮 1、明亮 2、昏暗 1、昏暗 2。模板不同，亮度、对比度、饱和度不同。

精细调整包括“滤镜强度”和“饱和度”两项。滤镜强度的变化是改变照片对比度，饱和度的加减影响照片颜色的鲜艳程度。

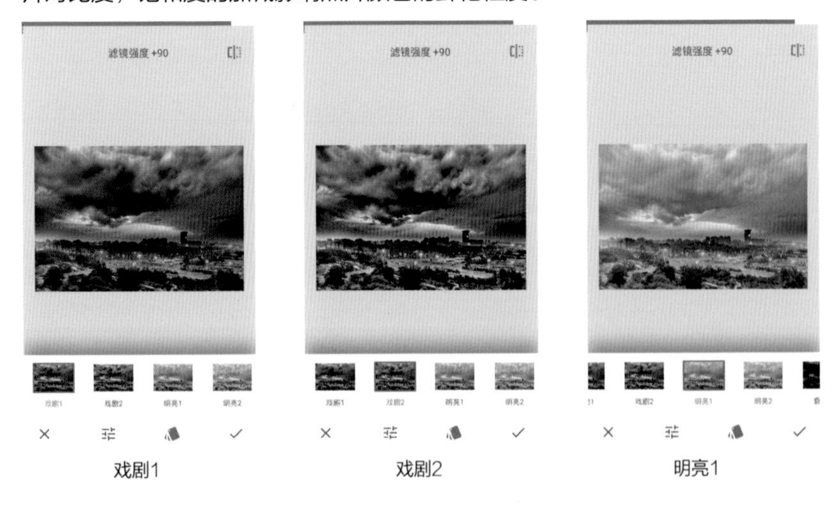

戏剧1　　戏剧2　　明亮1

明亮2　　昏暗1　　昏暗2

16. 复古

点击“复古”工具，如下图所示。

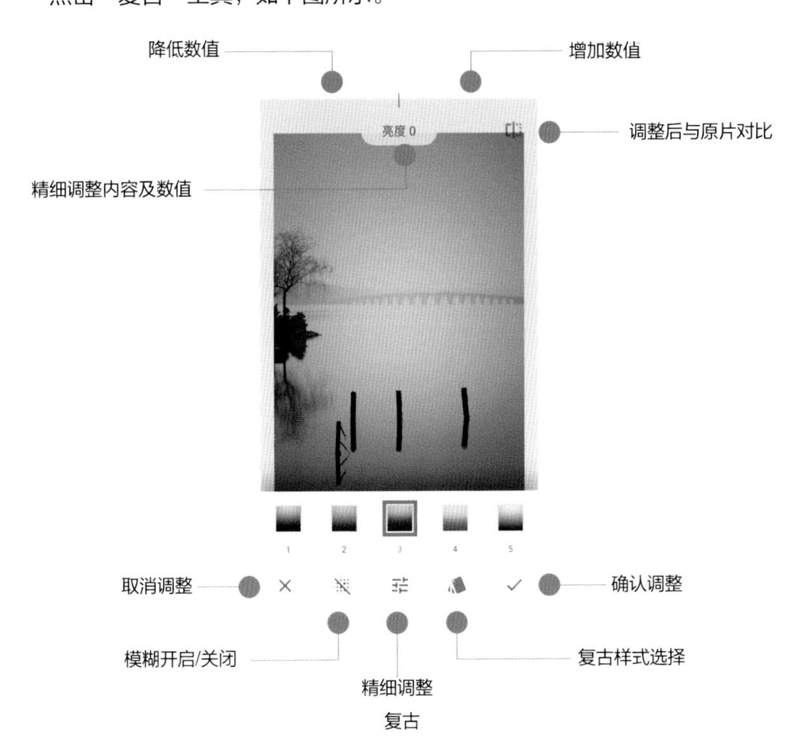

复古

复古样式中共有 12 种效果，主要有灰褐色、灰绿色、灰蓝色等。

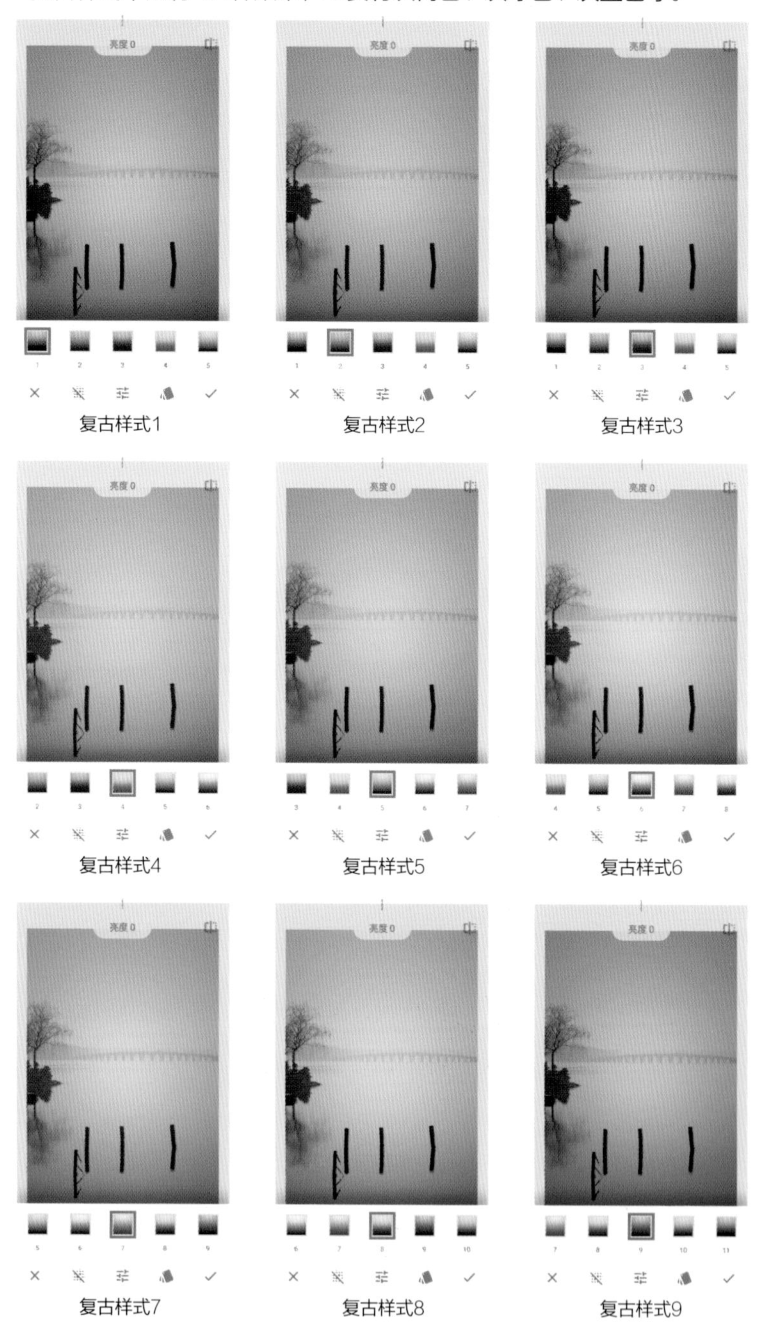

复古样式1　复古样式2　复古样式3

复古样式4　复古样式5　复古样式6

复古样式7　复古样式8　复古样式9

复古样式10　　复古样式11

复古样式12

点击图标可以开启或者关闭模糊，“模糊开启”照片的四周会虚化，“模糊关闭”照片的四周就清晰了。

点击图标，可以对亮度、饱和度、样式强度、晕影强度进行调整。

样式强度：指选择复古颜色的深浅程度，数值越大，颜色越深。

晕影强度：指照片四周暗角的深浅程度，数值越大，暗角越明显。

样式强度+50

样式强度+100

晕影强度+50

晕影强度+100

17. 粗粒胶片

点击“粗粒胶片”工具，如下图所示。

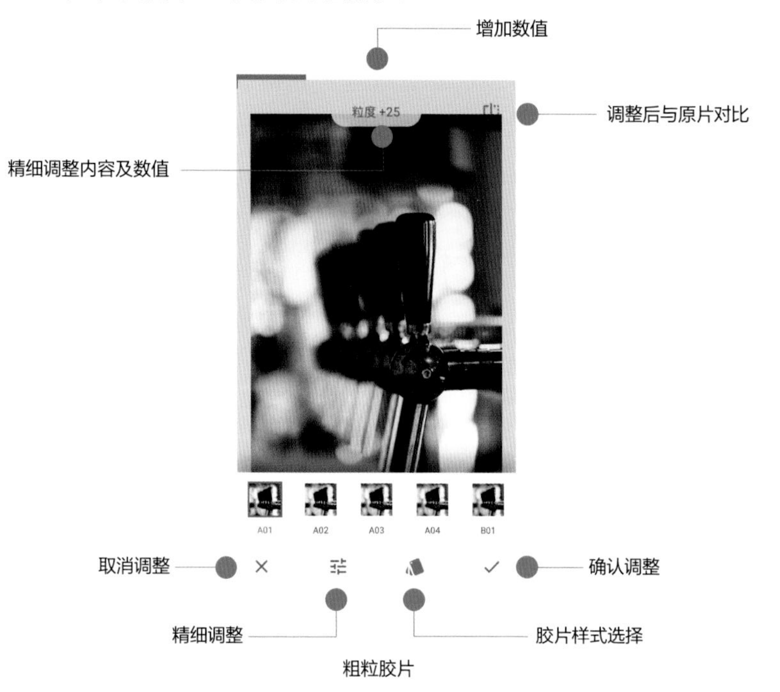

粗粒胶片

“粗粒胶片”有 18 种不同的样式可以选择，差别在对比度、饱和度、氛围、高光、阴影、暖色调、色温、色调、粒度的变化等。

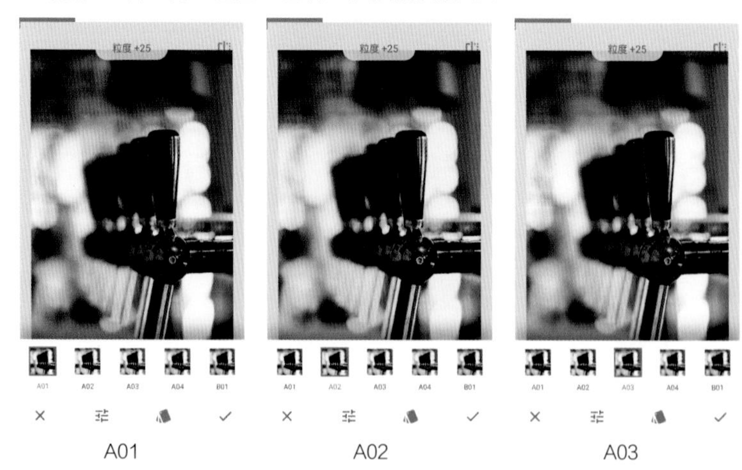

A01　　A02　　A03

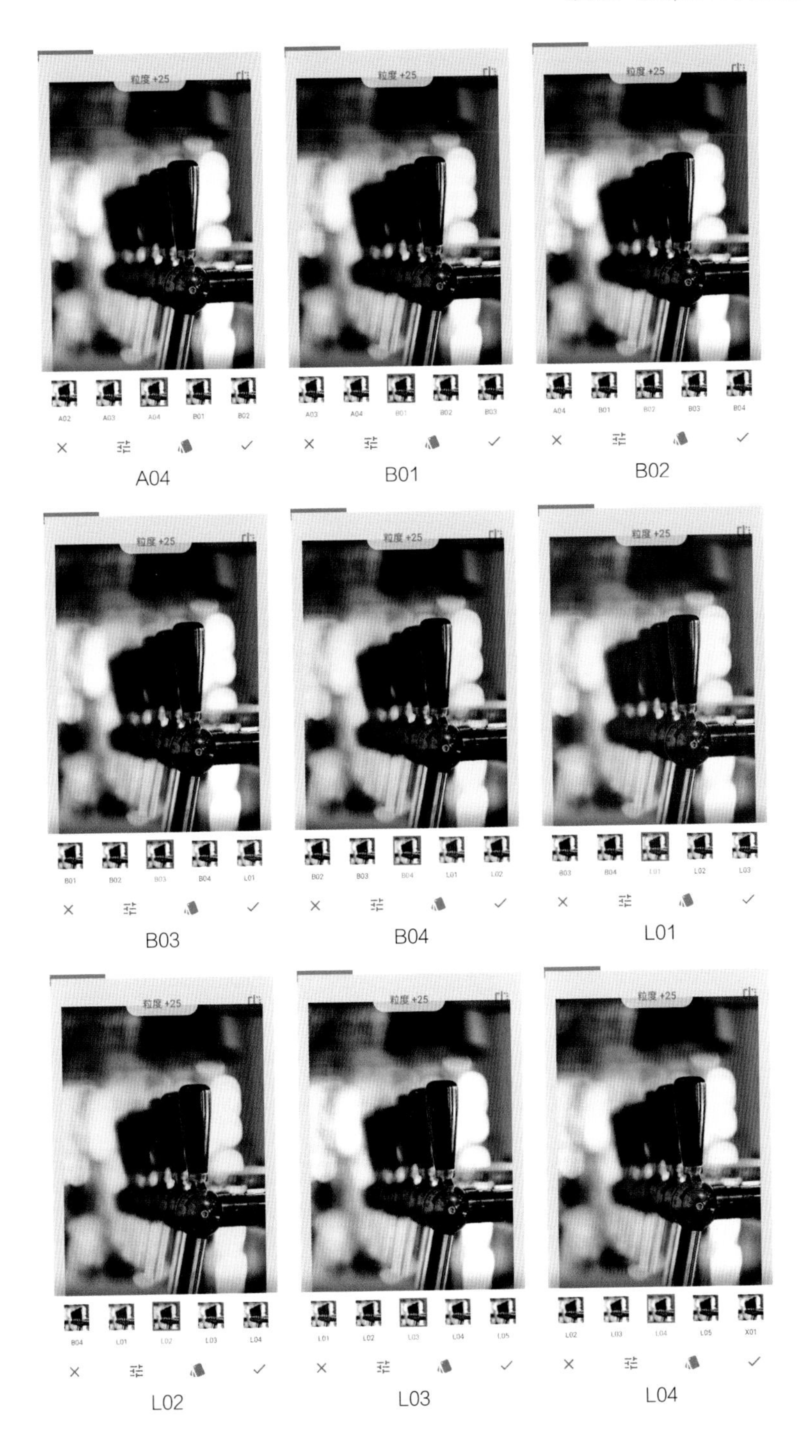

A04 B01 B02

B03 B04 L01

L02 L03 L04

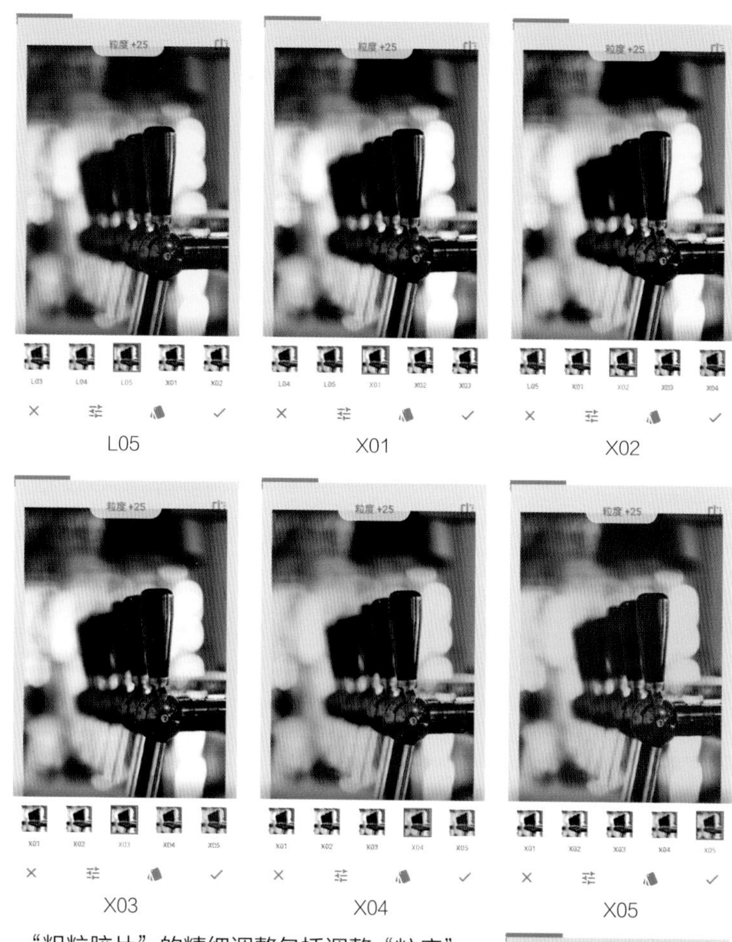

L05　X01　X02

X03　X04　X05

“粗粒胶片”的精细调整包括调整“粒度”和“样式强度”。

粒度：粒度其实是模拟胶片的颗粒感，随着数值的增加，照片中的颗粒感也越来越明显。

粒度+25

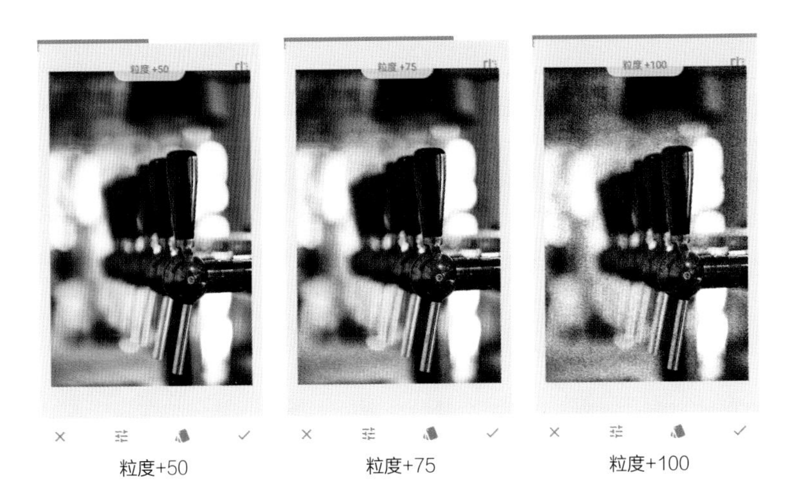

粒度+50　　粒度+75　　粒度+100

18. 怀旧

点击“怀旧”工具，如下图所示。

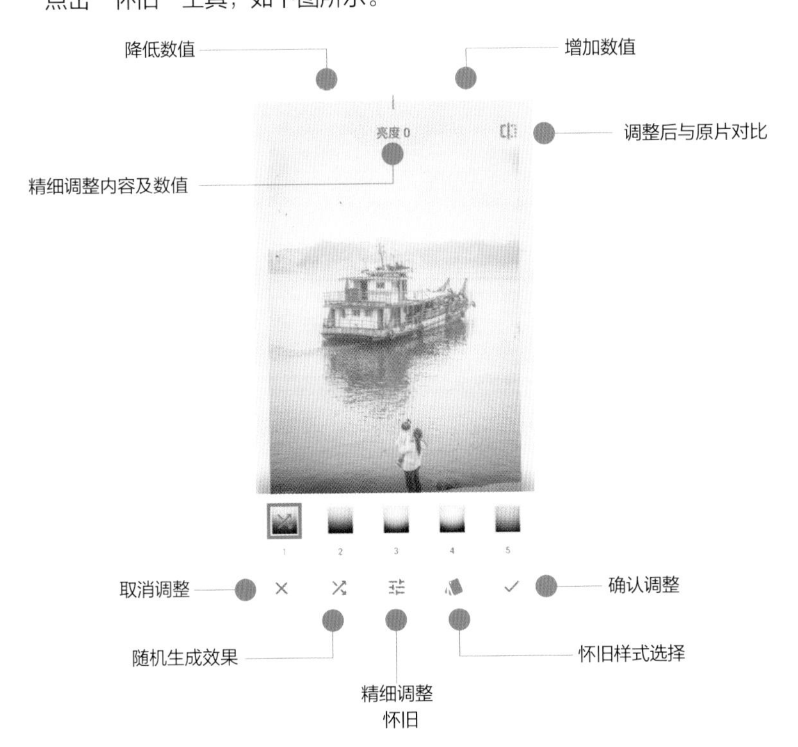

“怀旧”工具有 13 种不同的样式，偏色效果各不相同，有蓝灰色、黄绿色、黄棕色、红棕色等。

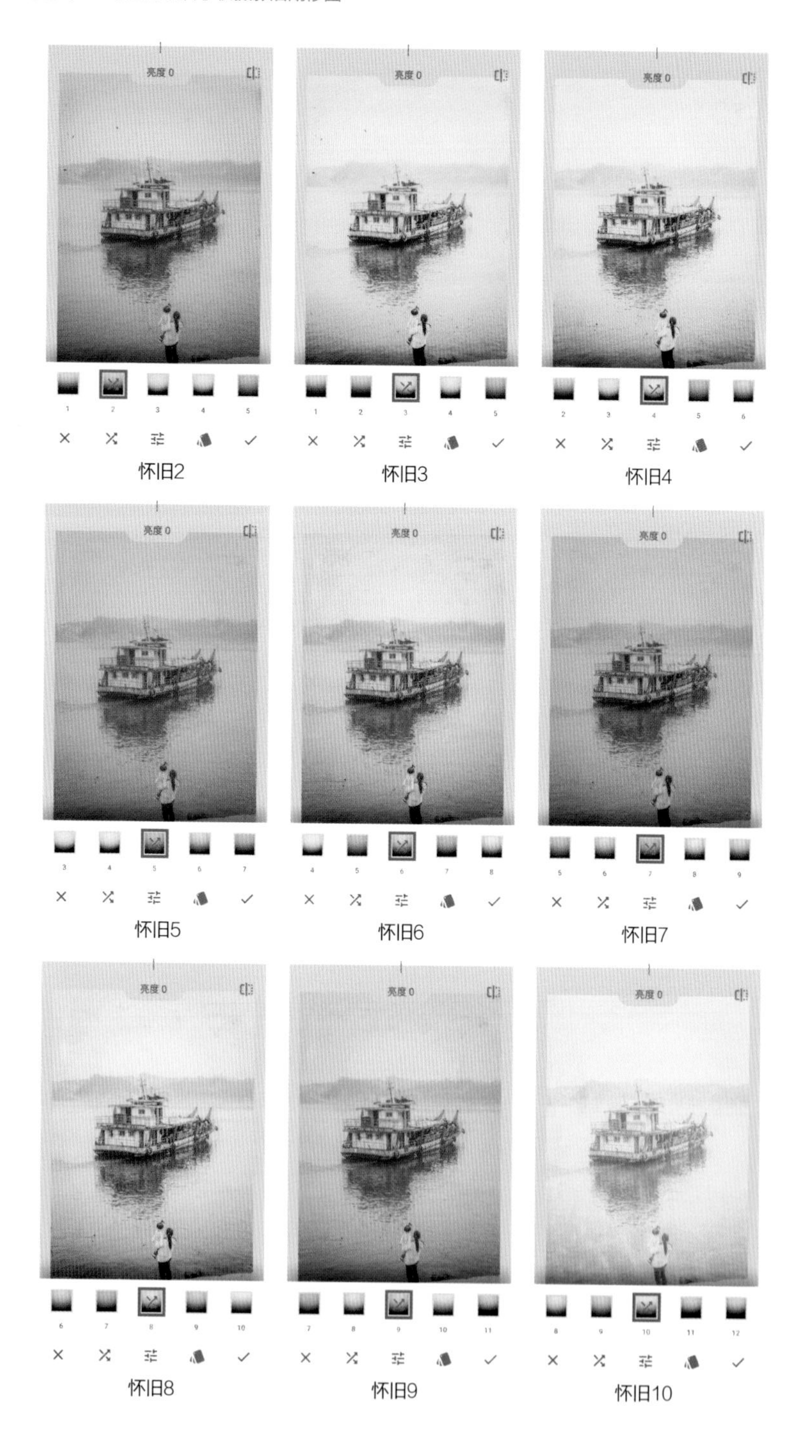
亮度 0
怀旧2
怀旧3
怀旧4
怀旧5
怀旧6
怀旧7
怀旧8
怀旧9
怀旧10

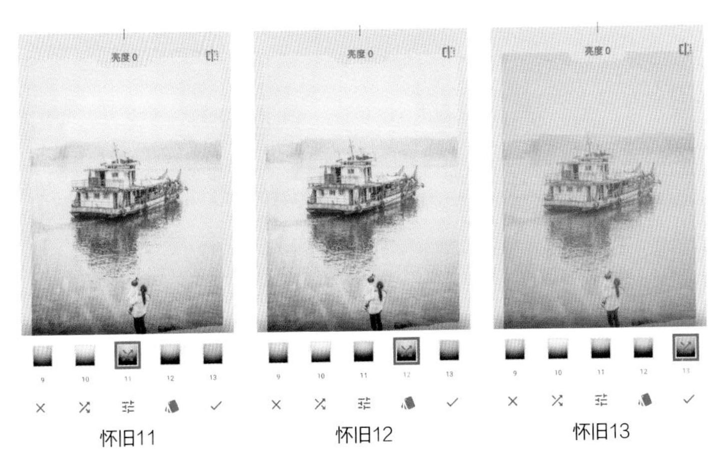

怀旧11　　怀旧12　　怀旧13

点击图标，将随机匹配精细调整数值，生成不同的效果。

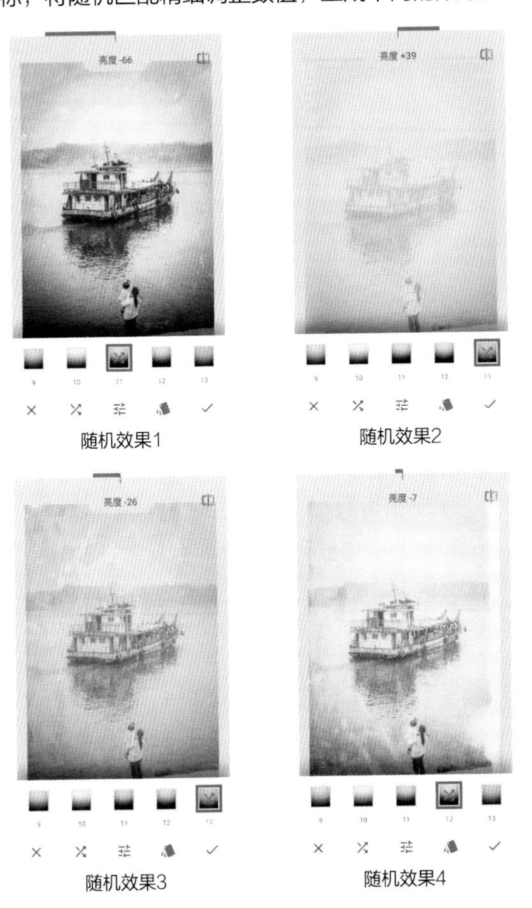

随机效果1　　随机效果2

随机效果3　　随机效果4

点击图标，可对亮度、对比度、饱和度、样式强度、刮痕、漏光进行调整。

刮痕：用于模拟老照片保存时代久远，表面被划伤的痕迹。数值越大，刮的痕迹越明显；数值越小，刮的痕迹越不明显。

刮痕+25　　刮痕+50　　刮痕+75　　刮痕+100

漏光：用于模拟老照片由于相机密封不严或者杂光影响胶片冲洗形成的漏光效果。数值越大，漏光越明显；数值越小，漏光越不明显。

漏光+25　　漏光+50　　漏光+75　　漏光+100

19. 斑驳

点击“斑驳”工具，如下图所示。

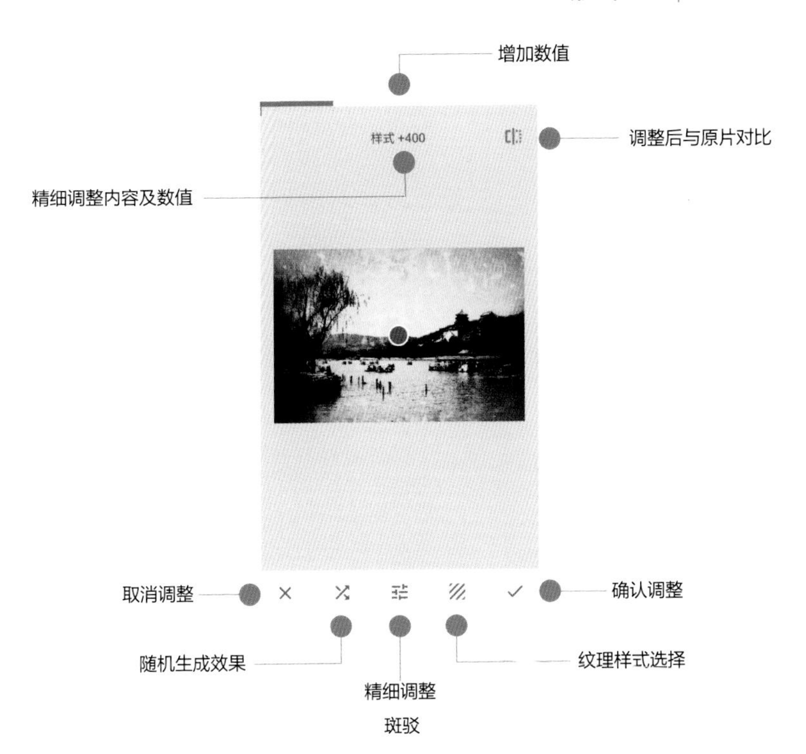

斑驳

点击▨图标可以选择 5 种不同的斑驳纹理样式。每一个数字代表一种斑驳的效果。

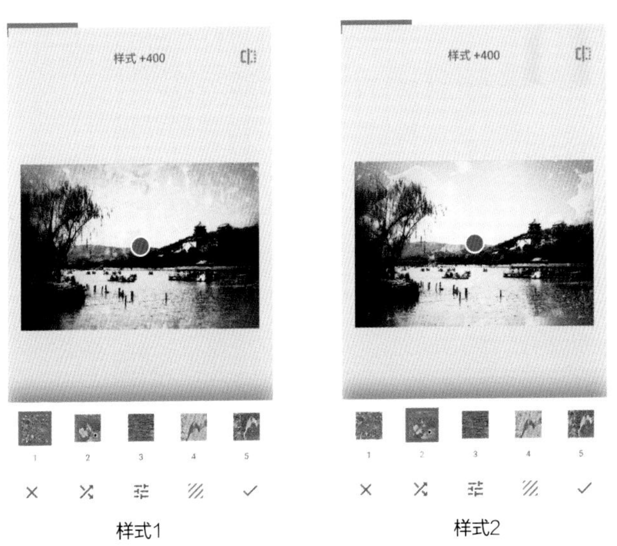

样式1　　样式2

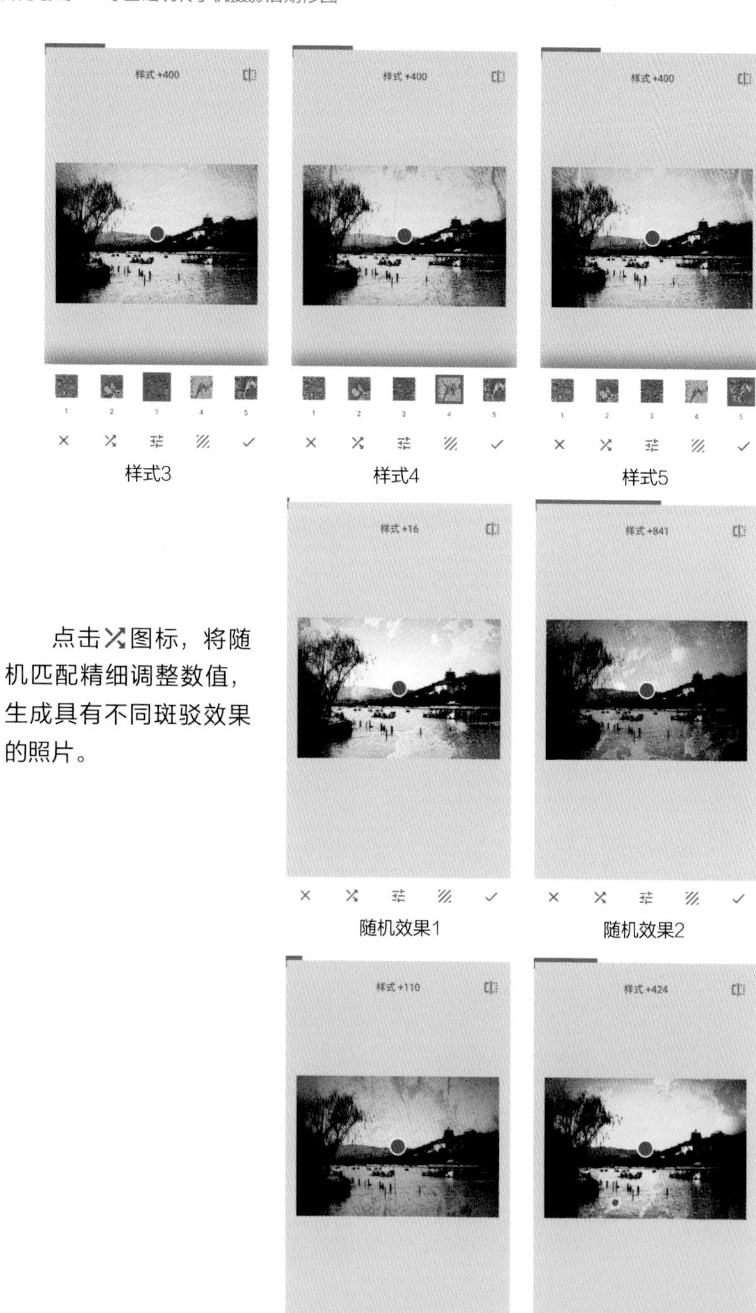

样式3

样式4

样式5

点击⤮图标，将随机匹配精细调整数值，生成具有不同斑驳效果的照片。

随机效果1

随机效果2

随机效果3

随机效果4

点击图标，可以对样式、亮度、对比度、饱和度、纹理强度进行调整。

样式：指“斑驳”中的样式变化，其实就是工具中“白平衡”的色温和着色数值的变化。

样式+318　样式+458

样式+666　样式+1162

纹理强度：纹理强度数值越大，选择的纹理样式就越明显、越清晰。

纹理强度+25　纹理强度+50

纹理强度+75　　纹理强度+100

给照片做旧时，可以使用“斑驳”工具，经过处理的照片有很强的历史感。

20. 黑白

点击“黑白”工具，如下图所示。

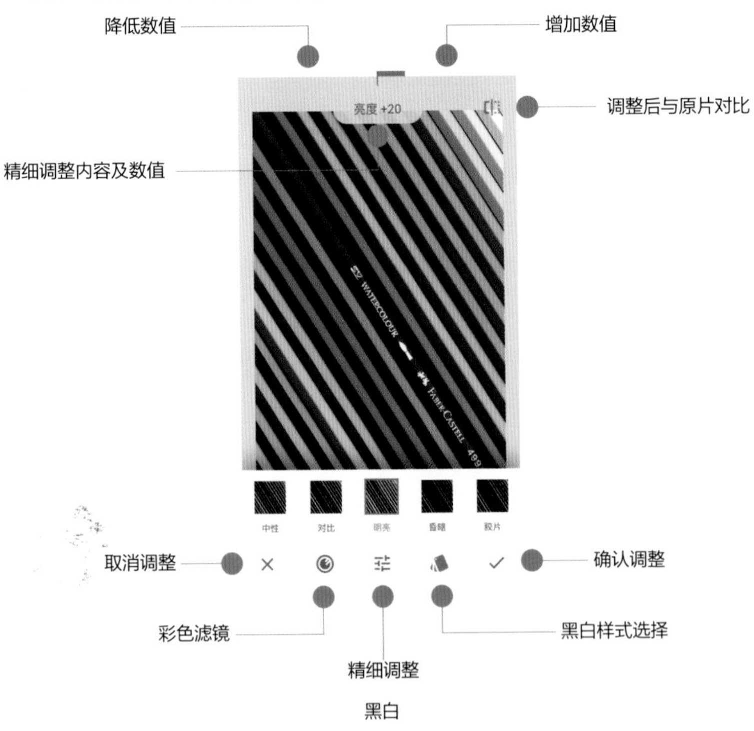

黑白

点击图标可以选择不同的彩色滤镜，包括中性、红色、橙色、黄色、绿色、蓝色。

彩色滤镜是黑白摄影中比较难的一个知识点，拍摄黑白照片为什么要加彩色滤镜？

其实它是利用了色彩的同色通过率高，补色通过率低，来改变黑白照片的明暗对比关系，达到特殊的黑白视觉效果。

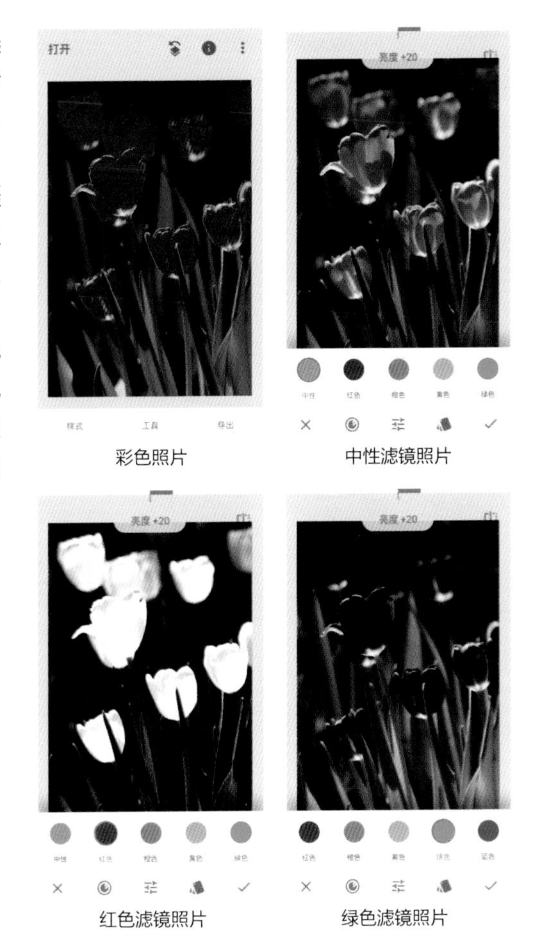

彩色照片　中性滤镜照片

红色滤镜照片　绿色滤镜照片

例如，拍摄红花和绿叶时，镜头前面加一个红色滤镜，红花通过红色滤镜多，体现在黑白照片上就是白；绿色的叶子是红色的补色，通过红色滤镜少，体现在黑白照片上就是黑，绿色滤镜相反。

中性：中性滤镜可以正常还原所有彩色去色后的黑、白、灰深浅度，就像工具中的“调整图片”减饱和度。

红色：红色滤镜是对比最强烈的一种黑白滤镜，在它的作用下，红色景物的影调变浅，蓝色、绿色、紫色景物的影调变深。在风光摄影中，可以把白天拍出犹如夜景般的效果。

橙色：橙色滤镜是介于黄、红滤镜之间的一种滤镜，能减淡黄色、橙色、红色景物的影调。在人像摄影中，使人物肤色变浅，压暗其他颜色。

黄色：黄色滤镜在黑白摄影中使用最广泛。在风景摄影中，黄色滤镜能使蓝色天空的影调变暗。在人像摄影中，黄色滤镜能使人物的肤色变浅。

绿色：绿色滤镜能使绿色和黄色景物的影调变浅，使红色和蓝色物体的影调变深。在风景摄影中，绿色滤镜可以使树叶和青草等绿色景物的影调更丰富、更鲜明、更细腻地被记录下来。在人像摄影中，绿色滤镜能使人物肤色变深。

蓝色：蓝色滤镜使用最少，在风景摄影中，蓝色滤镜可以加强大气中的雾气效果，使远处的景物处于朦胧状态。

下面打开一张全彩照片，选择不同的彩色滤镜后，观察彩色颜色变成黑白后的差异。

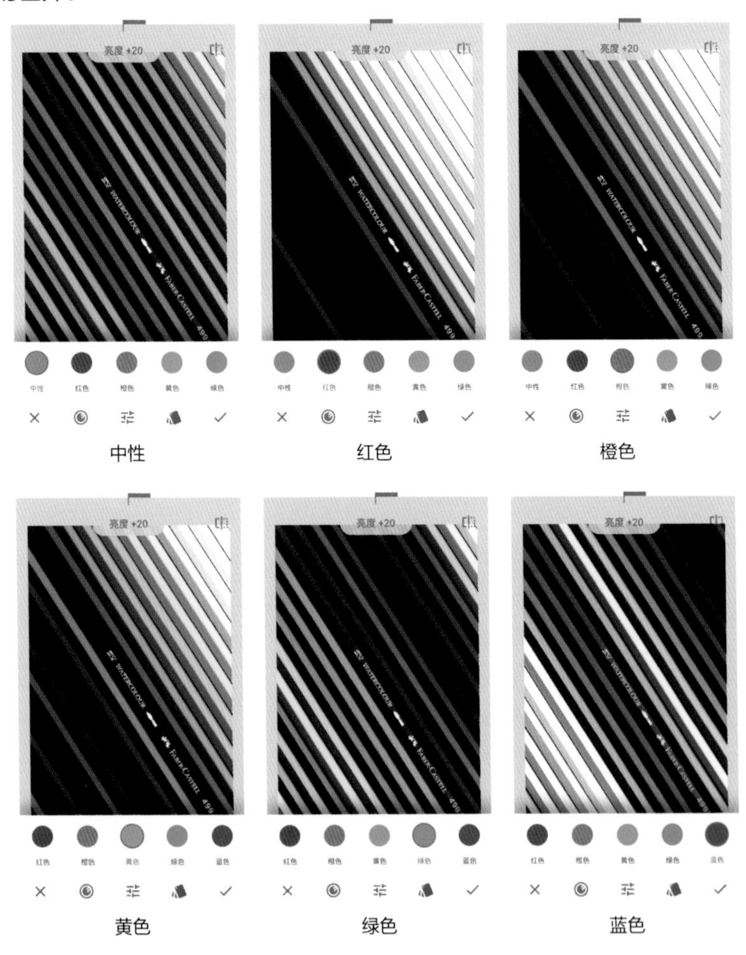

中性　　红色　　橙色

黄色　　绿色　　蓝色

点击图标可以选择不同的“黑白”样式，各种样式差别在于亮度、对比度、粒度不相同。

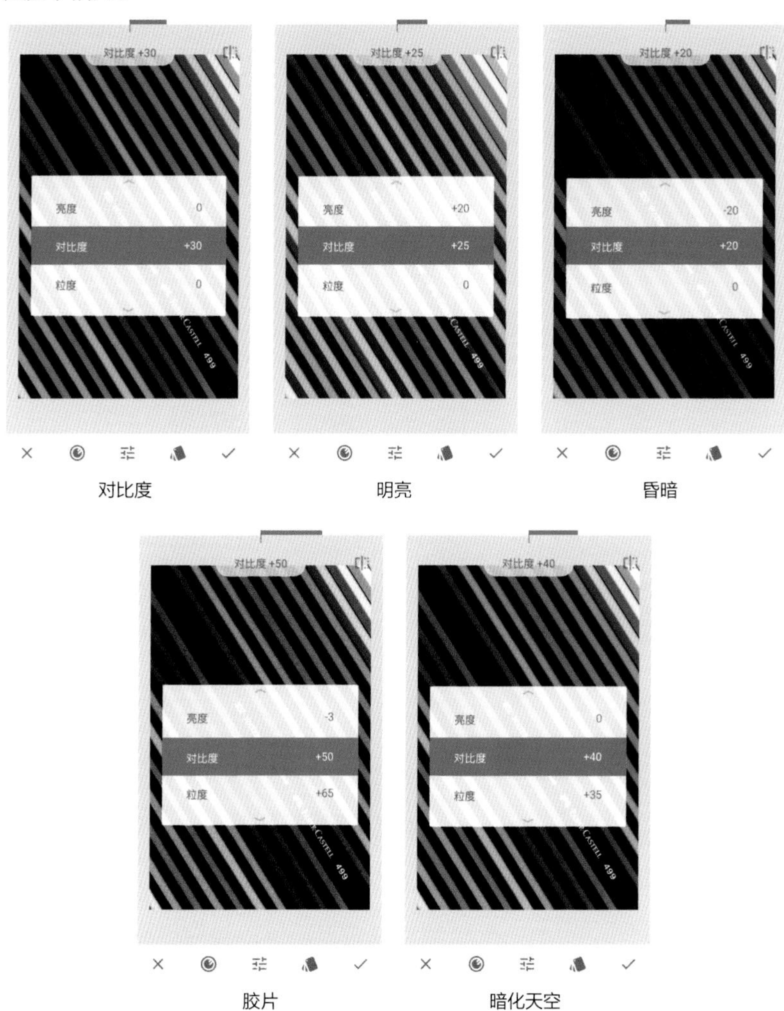

对比度　　明亮　　昏暗

胶片　　暗化天空

21. 黑白电影

点击“黑白电影”工具，如下图所示。

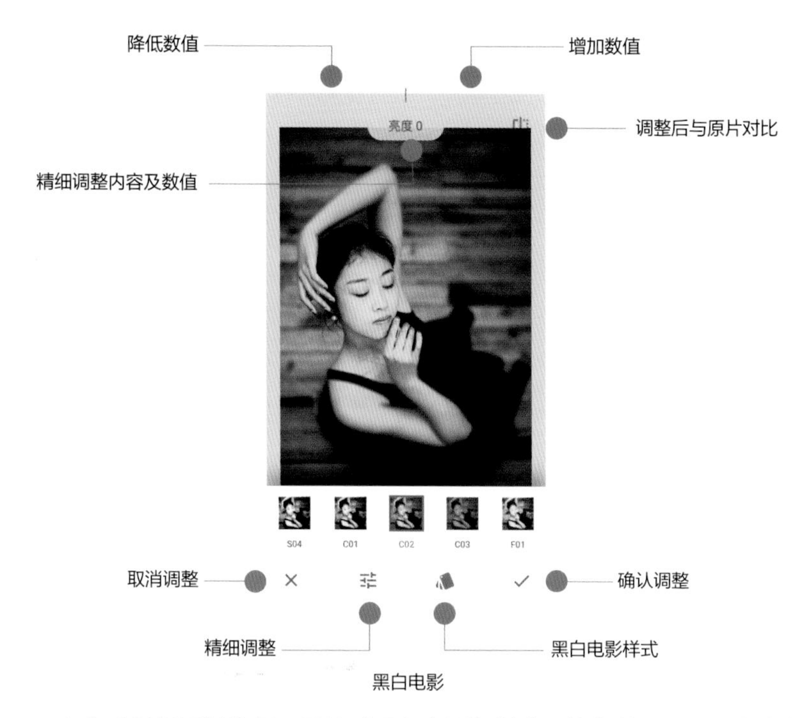

黑白电影

点击图标可以选择不同的“黑白电影”样式，偏色效果和黑白灰度各不相同。

S01　　S02　　S03

S04 C01 C02

F01 F02 F03

F04 H01 H02

点击☷图标可以对“黑白电影”进行精细调整，包括调整亮度、柔化、粒度、滤镜强度。

亮度：可以调整照片变亮或者变暗。手指在屏幕上，向右滑动增加数值，照片变亮；向左滑动降低数值，照片变暗。

亮度-100

亮度-50

亮度+50

亮度+100

柔化：柔化数值不断地增加，照片边角四周会更加虚化，晕影增加，中心人物突出。

柔化+25

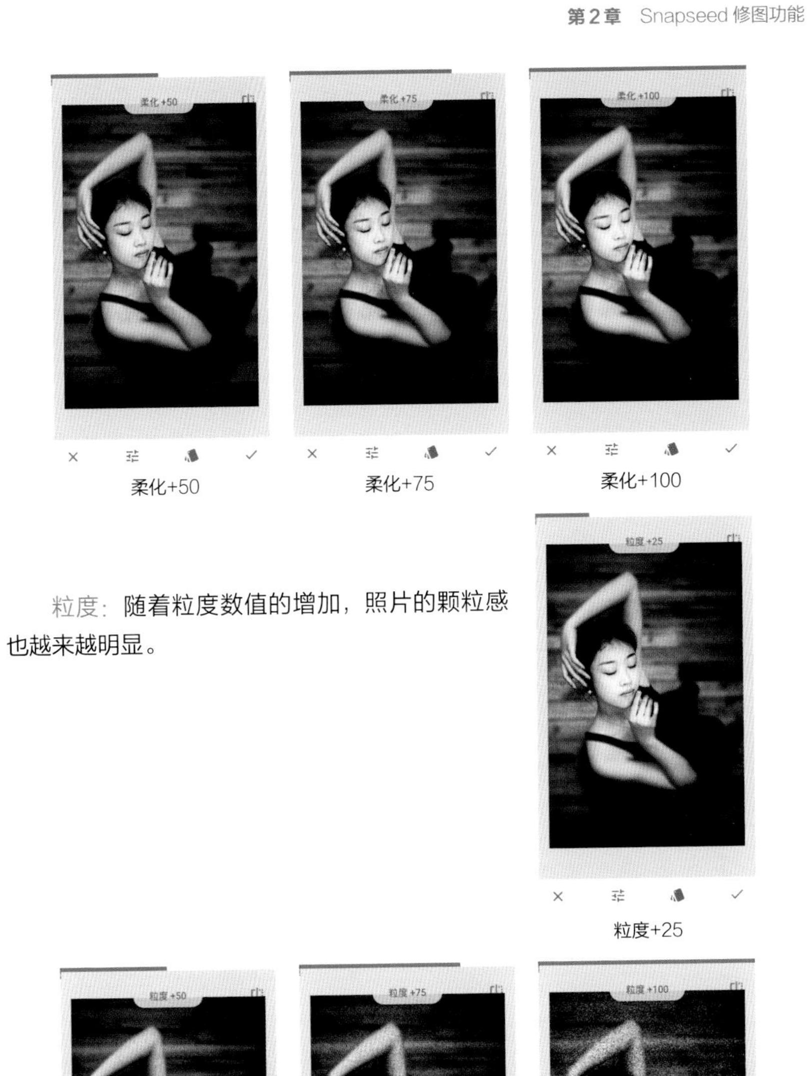

柔化+50　　柔化+75　　柔化+100

粒度：随着粒度数值的增加，照片的颗粒感也越来越明显。

粒度+25

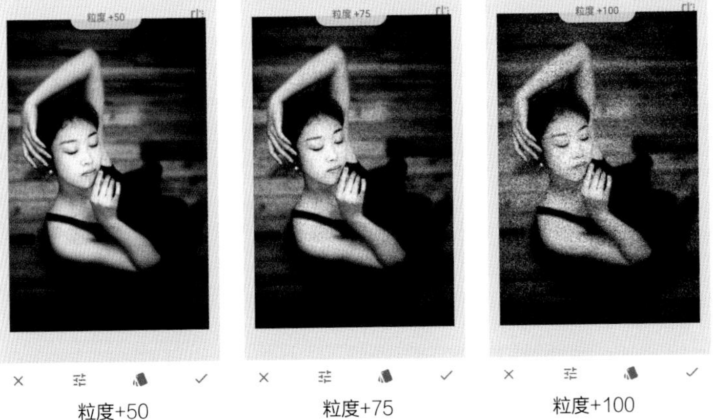

粒度+50　　粒度+75　　粒度+100

滤镜强度：指某种偏色的深浅程度，数值越大，偏色越深。

滤镜强度+25　　滤镜强度+50　　滤镜强度+75　　滤镜强度+100

“黑白电影”工具与“黑白”工具相比，前者倾向于电影效果和颗粒感，后者倾向于通过彩色滤镜制造不同的黑白对比效果。

22. 美颜

点击“美颜”工具，如下图所示。

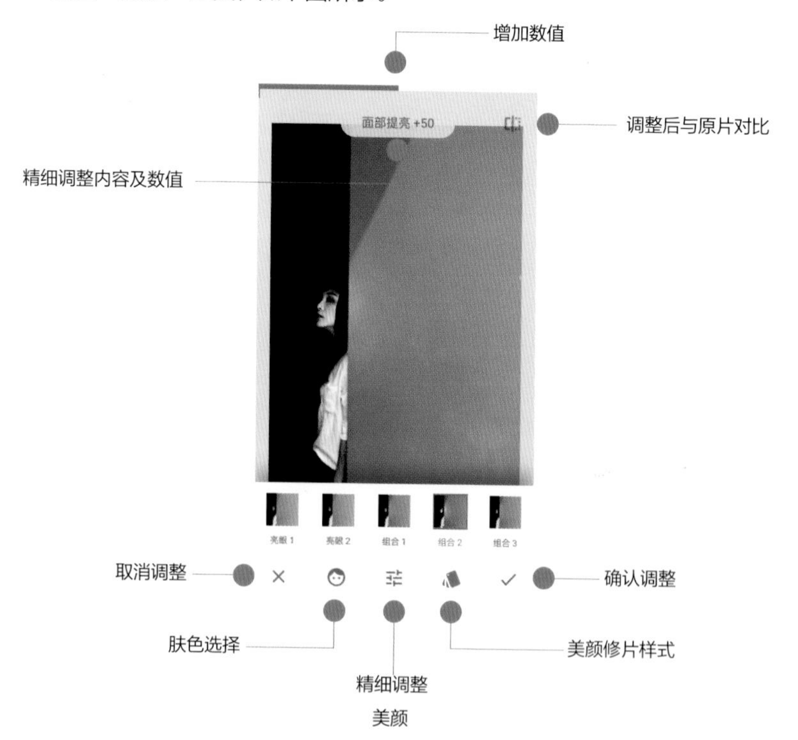

美颜

美颜的“修片”功能，会自动对照片中的人脸进行识别，如果照片中人物脸部不明显或者没有人物，将无法使用此功能。

点击图标，可以对面部提亮、嫩肤、亮眼几项进行调整。“面部提亮”是使用工具的“局部”对照片中的人脸部位提高亮度；“嫩肤”是使用工具的“局部”对照片中的人脸和皮肤减少结构（达到磨皮效果）；“亮眼”是使用工具的“局部”对照片中的人眼部位提高亮度，使眼睛更加明亮。

点击图标，有 5 种肤色选择，包括无、白皙、一般、中等、深色。女生多选择白皙，男生多选择中等或者深色。

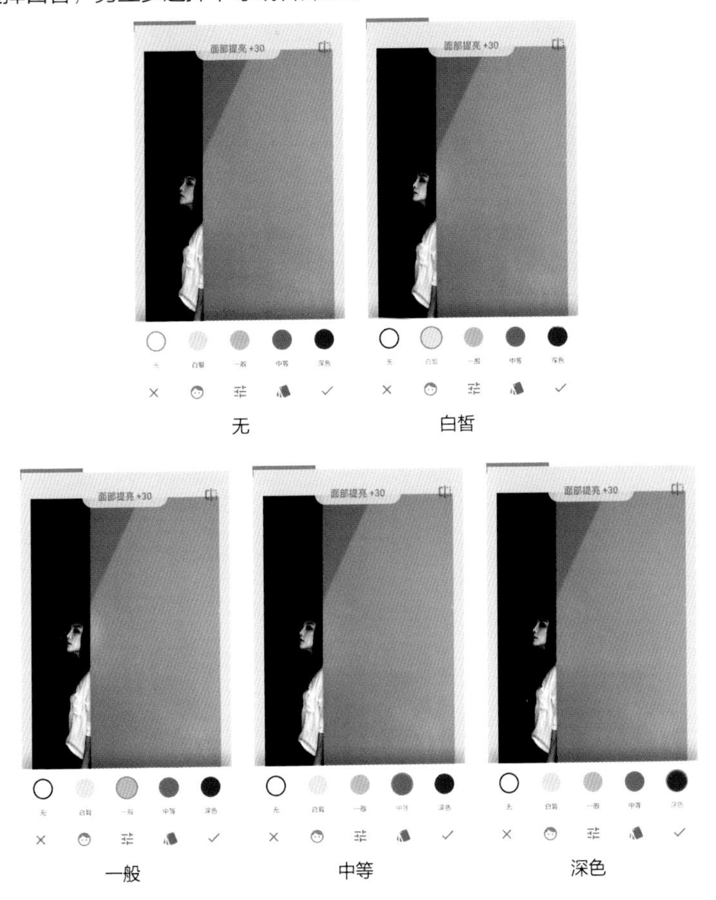

无　白皙

一般　中等　深色

点击图标，包括面部提亮 1、面部提亮 2、嫩肤 1、嫩肤 2、亮眼 1、亮眼 2、组合 1、组合 2、组合 3 这 9 种选择。

面部提亮、嫩肤和亮眼的 1 和 2 都是在亮度、磨皮效果上有差别，组合 1、组合 2、组合 3 是将前面的面部提亮、嫩肤和亮眼搭配组合，形成不同的效果。

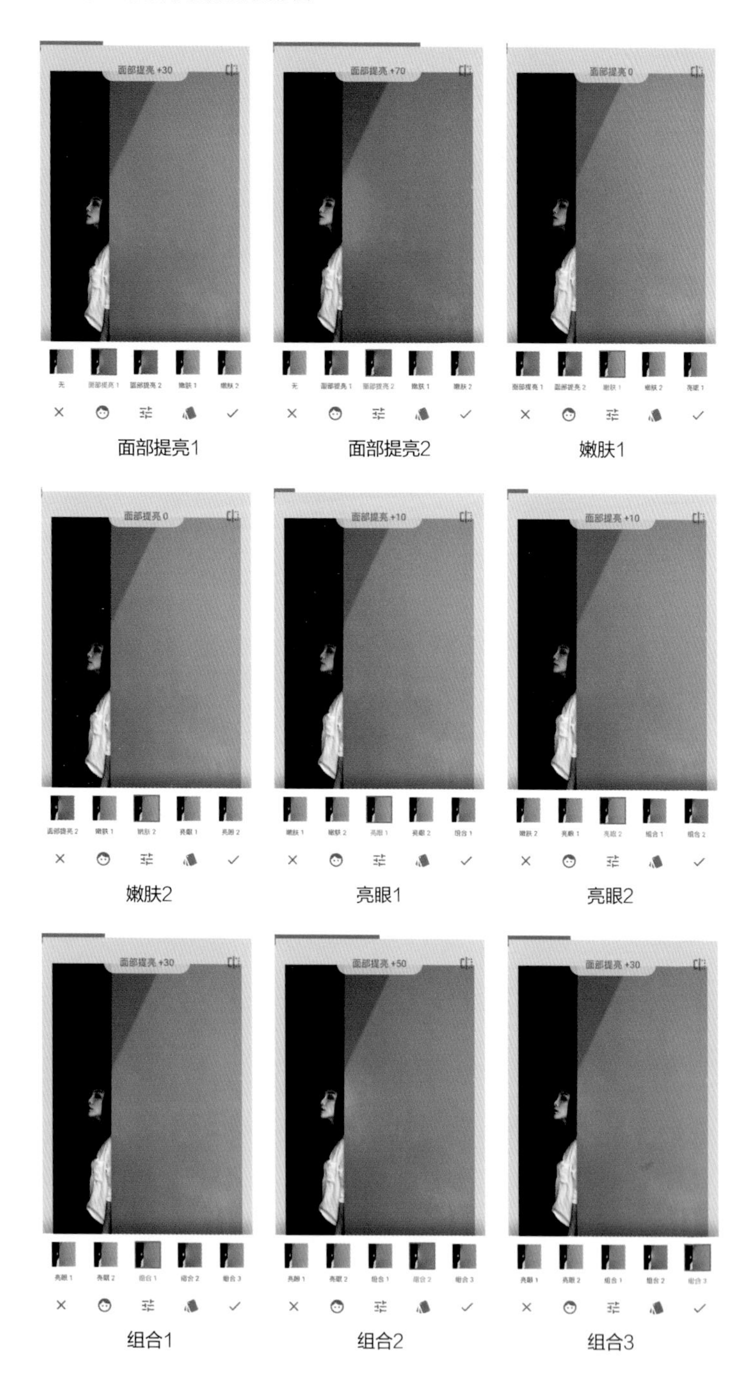

23. 头部姿势

点击“头部姿势”工具，如下图所示。

“头部姿势”工具能自动识别人脸，如果照片中人物脸部不明显或者没有人物，此工具无法使用。

启动“头部姿势”后，手机屏幕中间显示一个白色笑脸和指向四周的白色箭头，手指按照箭头的方向滑动，会发现人的面部五官也会跟着滑动方向移动，“头部姿势”工具是可以调整人物面部角度的。

点击 图标，可以对照片中的人物面部进行三维调整。

点击☷图标，可以对瞳孔大小、笑容、焦距进行调整。“瞳孔大小”可以局部放大眼睛，“笑容”可以局部改变嘴角的状态，“焦距”可以改变脸型。

原片　　瞳孔大小+100　　笑容+65　　焦距+50

24. 镜头模糊

点击“镜头模糊”工具，如下图所示。

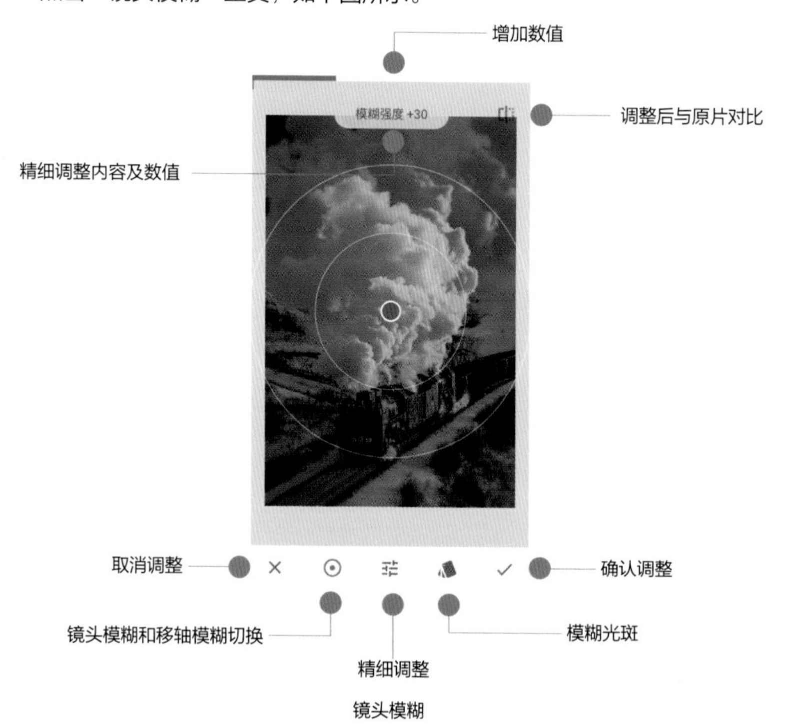

镜头模糊

“镜头模糊”工具可以模拟镜头的景深效果和移轴镜头的视觉效果，通过改变被摄物体的清晰范围来突出主体或者是改变焦平面的角度达到移轴效果。

点击图标可以在镜头模糊和移轴模糊之间切换，镜头模糊是圆形，蓝点是照片的清晰中心，内圆圈是清晰范围，外圆圈是从清晰到模糊的过渡范围，其余的位置都是需要模糊的地方。

移轴模糊是线性焦平面，离蓝点近的两条线之间是清晰范围，外线与内线之间是从清晰到模糊的过渡范围，其余的位置都是需要模糊的地方。

镜头模糊　　　　移轴模糊

点击图标，可以对模糊强度、过渡、晕影强度进行调整。

模糊强度：该数值越大，照片周边位置模糊得越厉害。

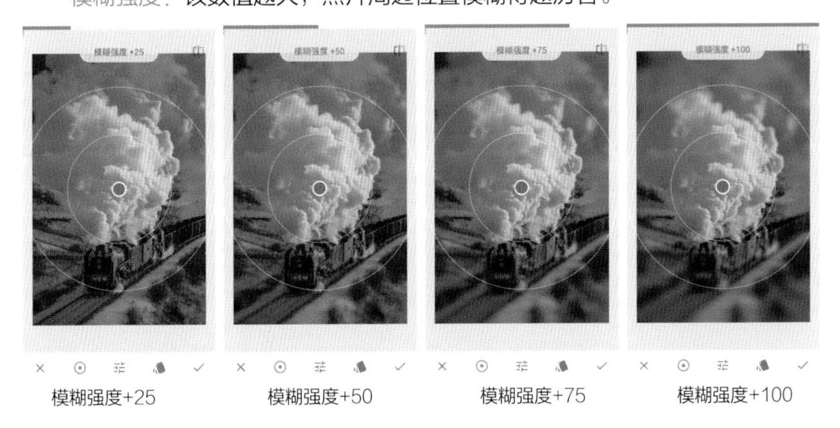

模糊强度+25　　模糊强度+50　　模糊强度+75　　模糊强度+100

过渡：该数值越大，照片清晰和模糊之间的过渡范围越大，过渡越均匀，但是模糊的范围会越小。

过渡+25　　过渡+50　　过渡+75　　过渡+100

晕影强度：该数值越大，照片四周的暗角就会越重，中心亮的主体就会越突出。

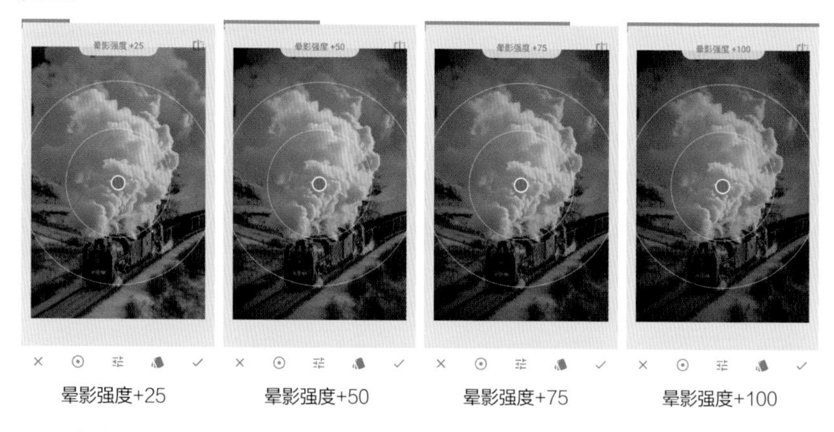

晕影强度+25　　晕影强度+50　　晕影强度+75　　晕影强度+100

点击图标可以对镜头模糊产生的 11 种光斑进行选择，主要是为了配合镜头虚化的效果。

25. 晕影

点击“晕影”工具，如下图所示。

点击图标，可以对外部亮度和内部亮度进行调整。

外部亮度：该项可以对照片的四周边角的亮暗产生影响。增加数值，照片的四周边角越来越亮；减少数值，照片的四周边角越来越暗。

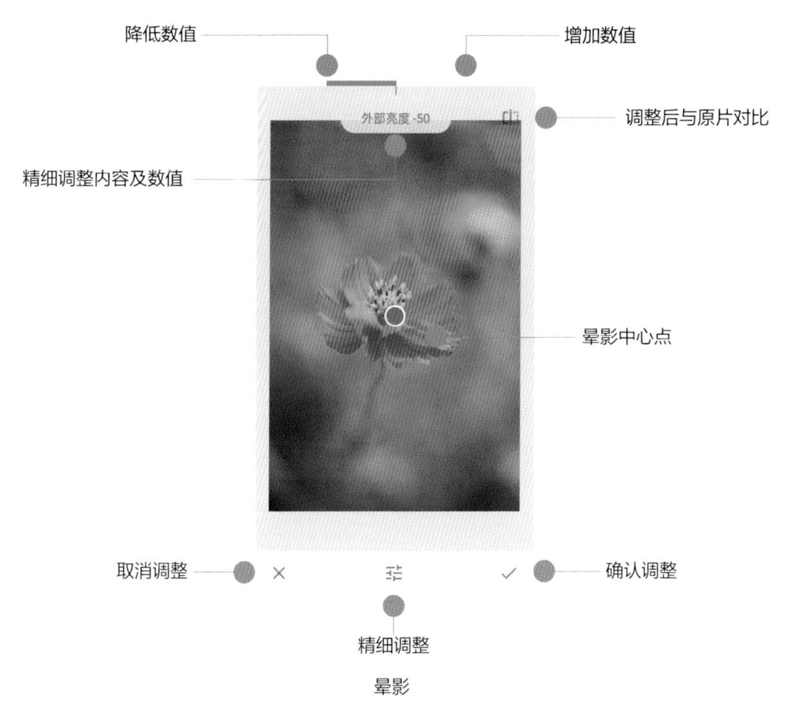

晕影

内部亮度：该项可以对照片的中间亮暗产生影响。增加数值，照片的中间越来越亮；减少数值，照片的中间越来越暗。

中间的蓝点是晕影中心，用食指按住蓝点，可移动到照片任意位置。用拇指和食指在蓝色点上分开或者合拢，会出现中心尺寸，其范围影响晕影的范围。

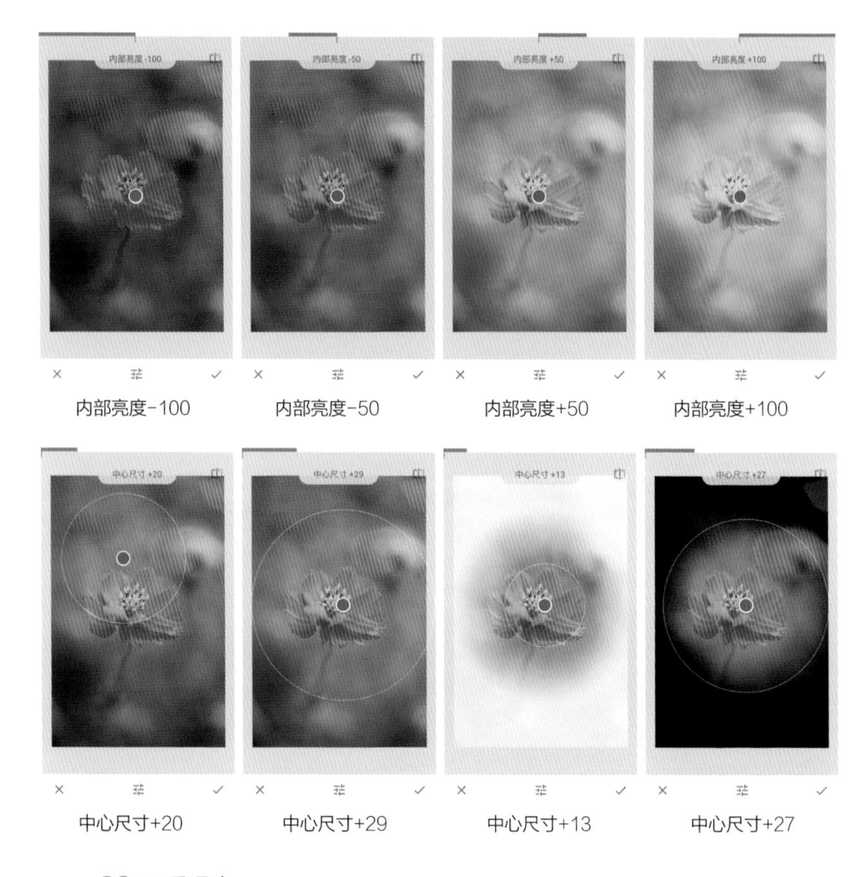

内部亮度-100　内部亮度-50　内部亮度+50　内部亮度+100

中心尺寸+20　中心尺寸+29　中心尺寸+13　中心尺寸+27

26. 双重曝光

点击“双重曝光”工具，如下图所示。

点击图标，Snapseed 会自动连接至相册，在相册中寻找需要双重曝光的照片，点击后导入“双重曝光”滤镜中。

点击图标，可以选择6种不同的“双重曝光”样式，包括默认、调亮、调暗、加、减、重叠。由于每种样式的叠加效果不同，可以点击选择不同样式观察效果，寻找自己满意的样式。

选择好“双重曝光”的样式后，可以点击图标对叠加照片的透明度进行调节，向左增加透明度，向右减少透明度。

双重曝光

默认　　调亮　　调暗

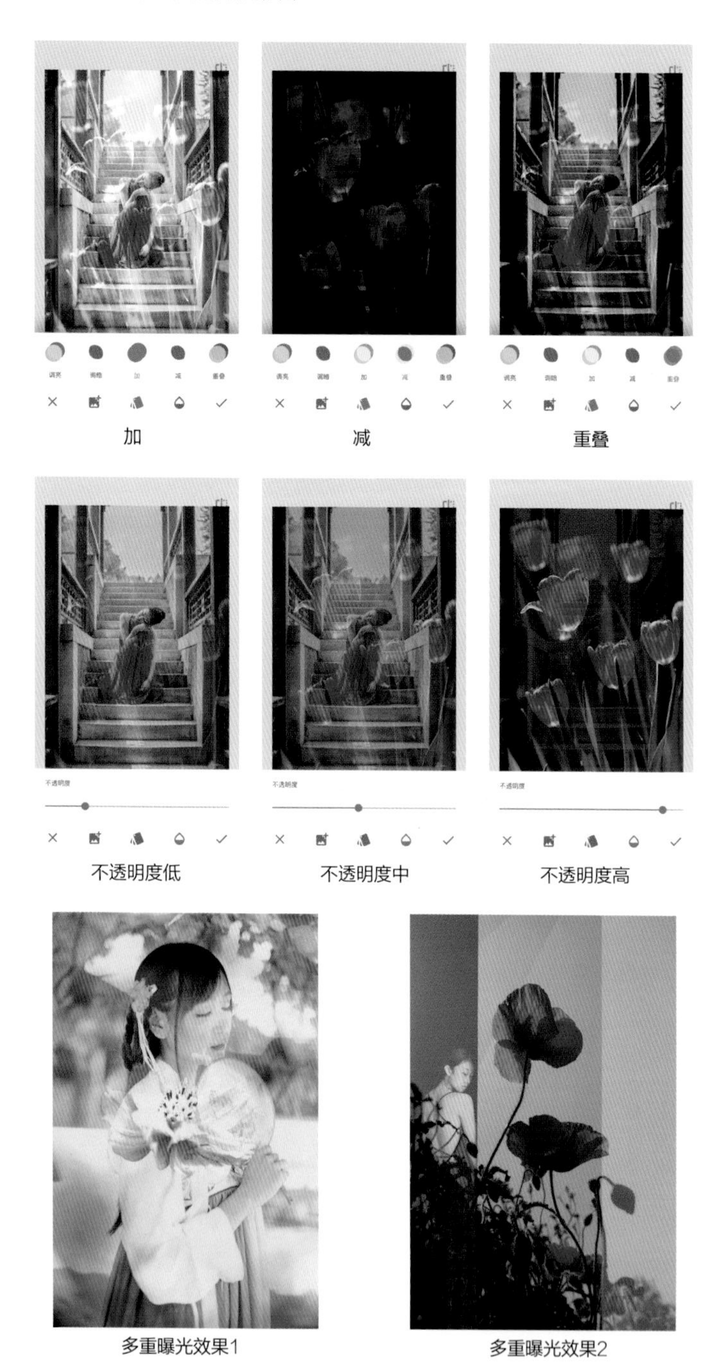

加　减　重叠

不透明度低　不透明度中　不透明度高

多重曝光效果1　多重曝光效果2

27. 文字

点击“文字”工具，如下图所示。

文字

进入“文字”工具选项后，中间会显示“在此处点按两次即可更改文本”字样，双击屏幕中的字样位置，会显示“文字”对话框，其中显示“在此处点按两次即可更改文本”，双击屏幕文字位置后，输入 IKEA，然后点击“确定”按钮，图片上就会出现 IKEA 字样，如图所示。

“文字”对话框　　双击文字位置后　　输入文字　　文字效果

“文字”工具中没有字号选择，如果想改变文字大小，用拇指与食指在文字上分开或者合拢即可放大或缩小字号。

用食指按住文字，可将文字在照片范围内移动到任意位置。

点击🎨图标，可以为文字选择不同的颜色，Snapseed 默认为白色，当然可选择的颜色还是很多的。

灰色

浅褐色

浅黄色

草绿色

粉蓝色

紫色

橘红色

橘黄色

点击◇图标，可以调节文字的不透明度，默认不透明度是100%时文字完全不透明，向左拖动滑块，字体逐渐透明，当拖动至最左侧时，文字只能隐约可见。

点击▣图标，可将文字以外的区域染成文字颜色，而文字本身显示底图颜色，这里的倒置可以理解为颠倒。

不透明度100%

不透明度50%

不透明度0%

颜色倒置

点击▲图标，屏幕上会出现很多字体和涵盖字体设计的样式，在屏幕上左右滑动，可以选择自己喜欢的字体和样式。

L5

H2

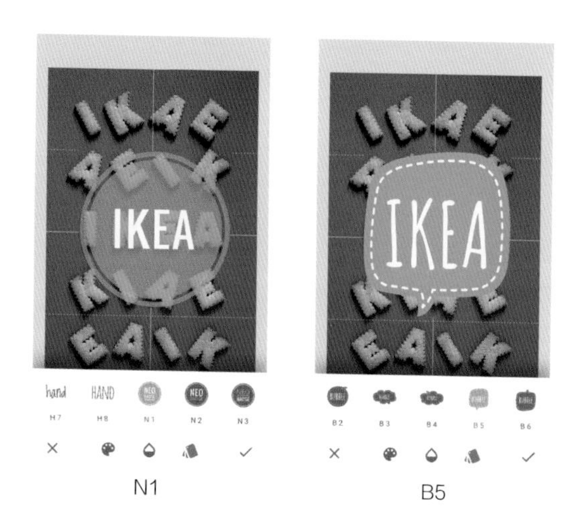

N1　　　　B5

28. 相框

点击“相框”工具，如下图所示。

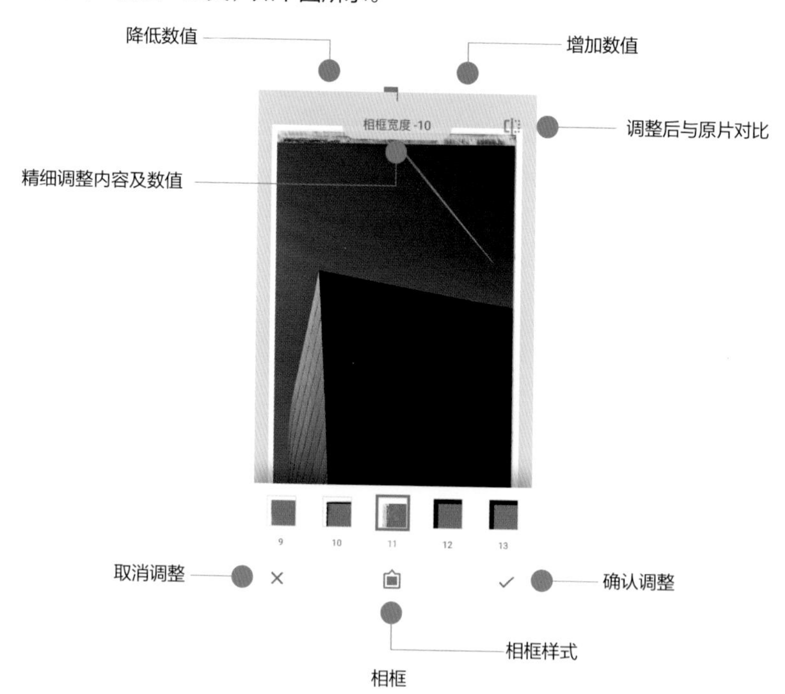

相框

点击▣图标，可以选择 23 种不同的相框样式，有白色边框、黑色边框、宝丽来边框、胶片边框等，每一种样式都不相同，可根据自己的需要选择。

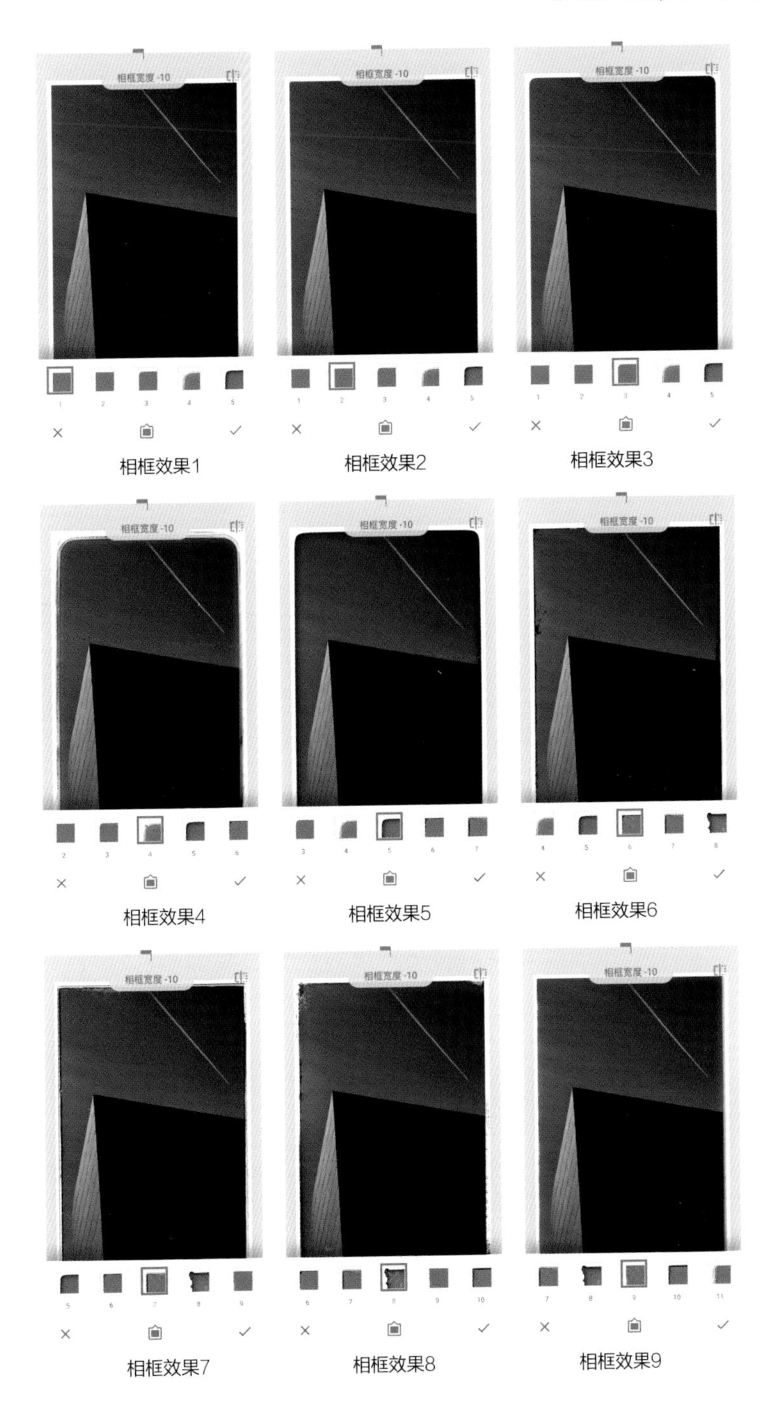

相框效果1　相框效果2　相框效果3

相框效果4　相框效果5　相框效果6

相框效果7　相框效果8　相框效果9

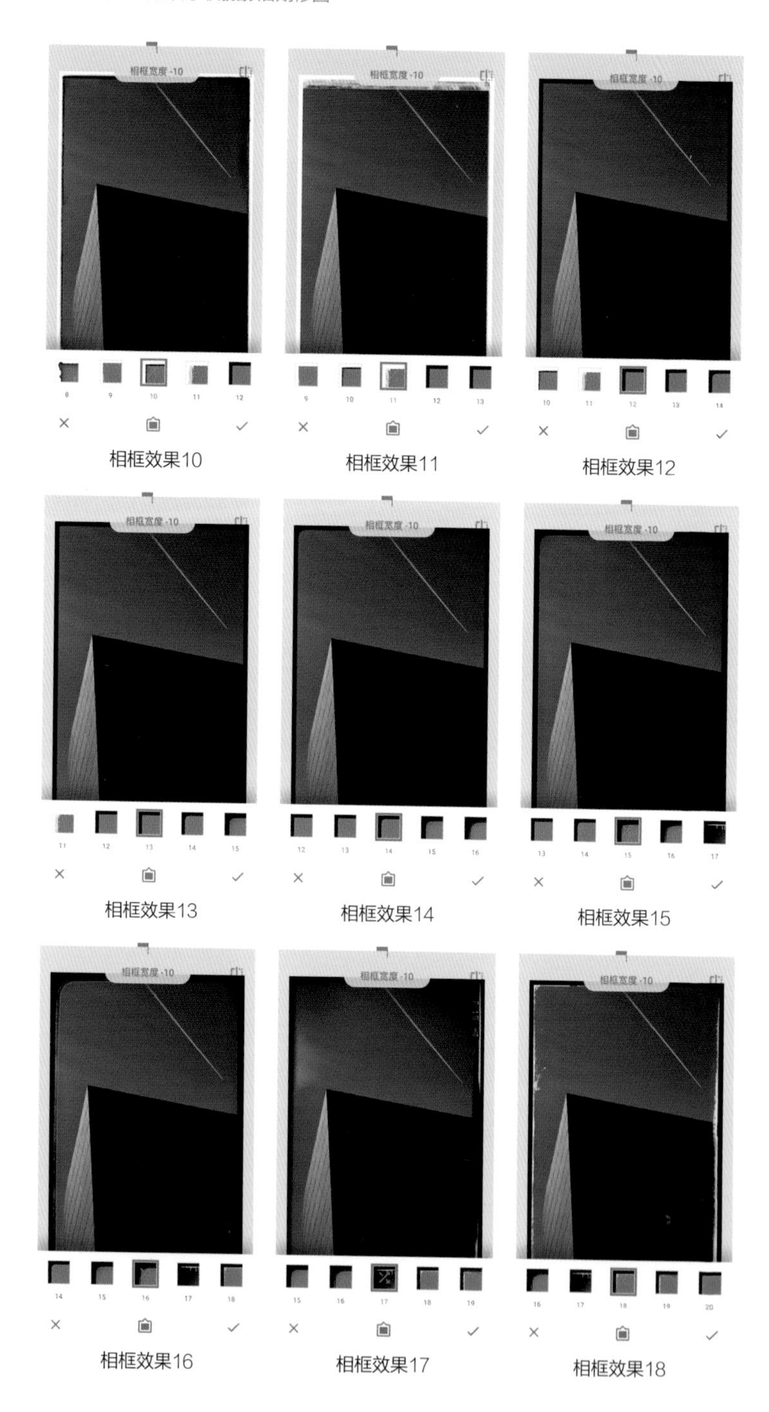

相框效果10　相框效果11　相框效果12

相框效果13　相框效果14　相框效果15

相框效果16　相框效果17　相框效果18

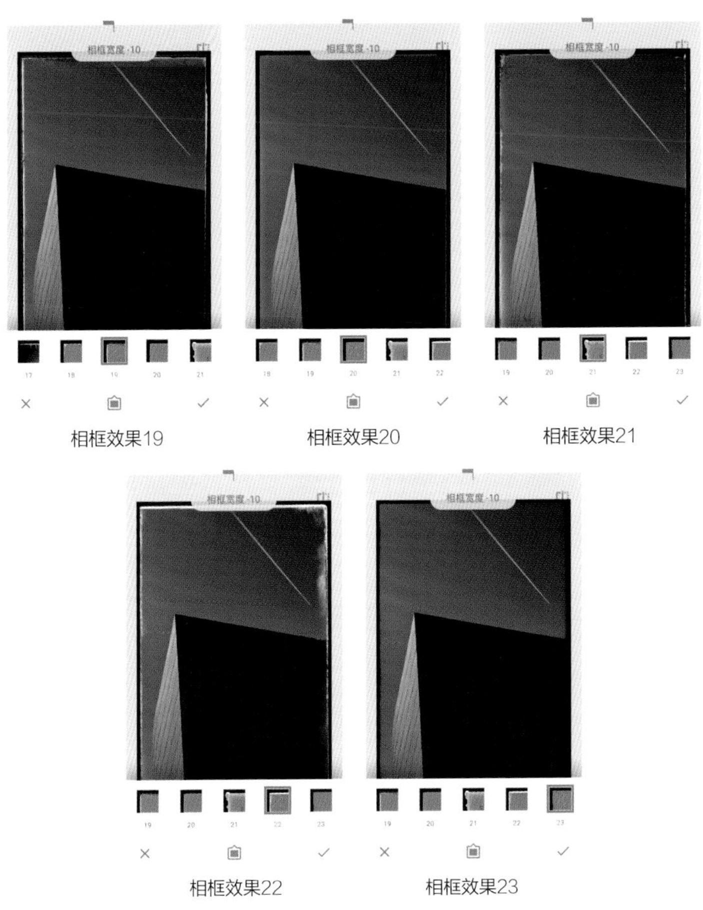

相框效果19　　相框效果20　　相框效果21

相框效果22　　相框效果23

选择好相框样式后，手指在屏幕上，向右增加数值，相框样式变宽；向左降低数值，相框样式变窄。

相框宽度-23　　相框宽度0

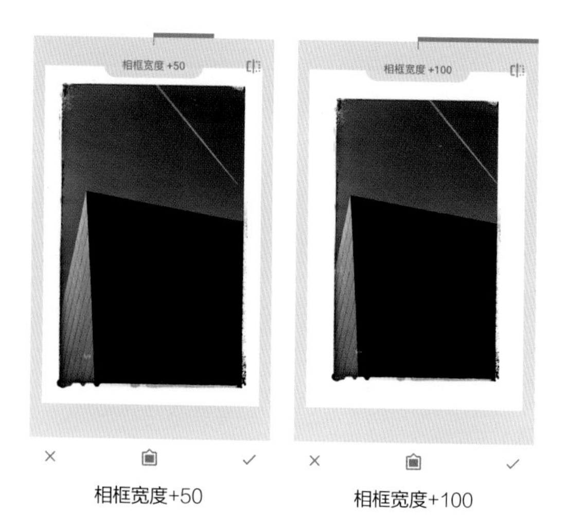

相框宽度+50　　相框宽度+100

第 3 章
常用修图 App

3.1 VSCO功能详解

VSCO 是一款非常流行的摄影 App。它具有相机拍照、照片编辑和照片分享三大功能。

随着 VSCO 版本的不断升级，它逐渐成了一款功能强大的摄影 App，但它依然保持简单的操作方式和清新脱俗的极简风格界面。我们可以使用 VSCO 内置相机进行拍摄，也可以使用 VSCO 内部数量众多的胶片滤镜和精细调整工具对照片进行处理，创造出胶片味道十足的摄影作品。海外用户可以通过 VSCO Grid 分享自己的摄影作品，与世界各地的用户进行交流。

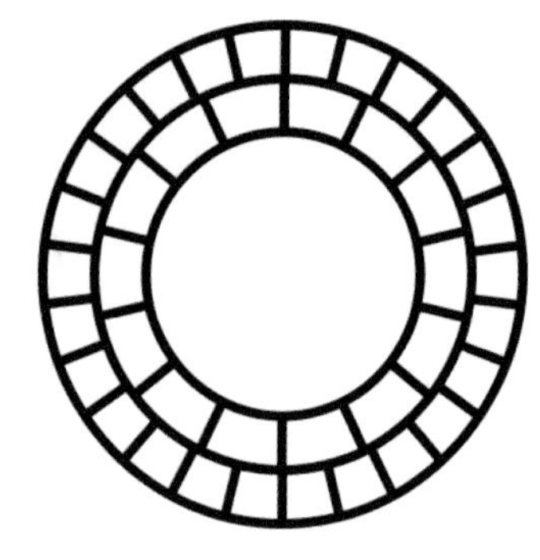

VSCO App

3.1.1 界面介绍

苹果手机在 App Store 中，其他品牌手机在各自的应用商店中下载 VSCO 软件 (免费)。下载完成后，桌面上会显示一个黑色圆圈图标。点击图标开启 VSCO 软件。

点击“用邮箱注册”按钮，进入 VSCO 用户注册界面，按照中文提示内容填写资料，成为 VSCO 注册会员。非注册用户，会错过滤镜试用且无法在动态里分享照片。

加入会员后，VSCO 会进入使用界面，除了能导入照片、购买预设滤镜外，还可以通过动态查看世界各地摄影人的作品。

开启VSCO软件

注册会员

(1) VSCO的拍照功能包含RAW格式、辅助线和水平线、开启闪光灯、曝光补偿、白平衡、镜头模糊、ISO等选项。

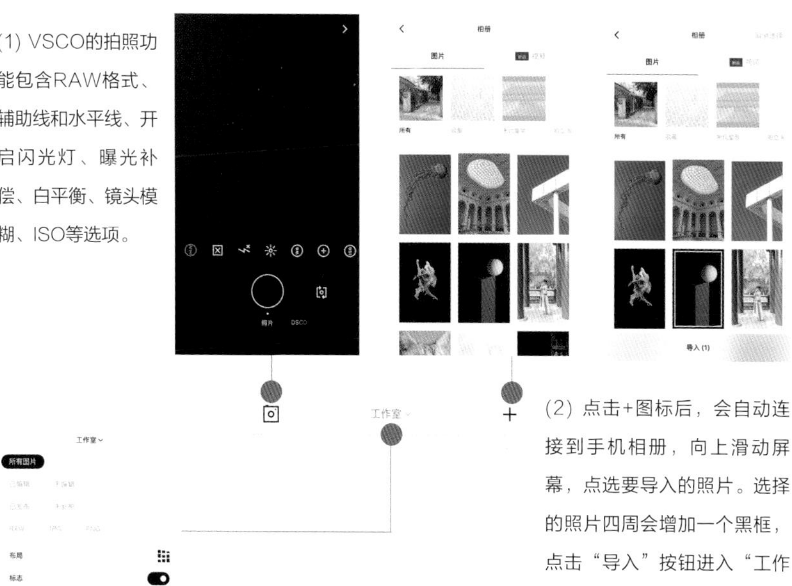

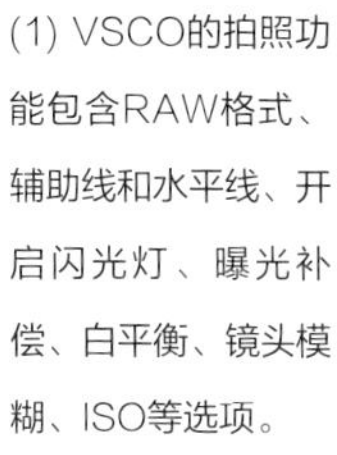

(2) 点击+图标后，会自动连接到手机相册，向上滑动屏幕，点选要导入的照片。选择的照片四周会增加一个黑框，点击“导入”按钮进入“工作室”中。

(3) 导入照片后，“工作室”可以选择显示方式、显示布局、照片增加标志，还有最重要的编辑照片功能。

导入您的照片

从相机胶卷导入照片并开始编辑。只有您可以看到这些照片。

导入照片

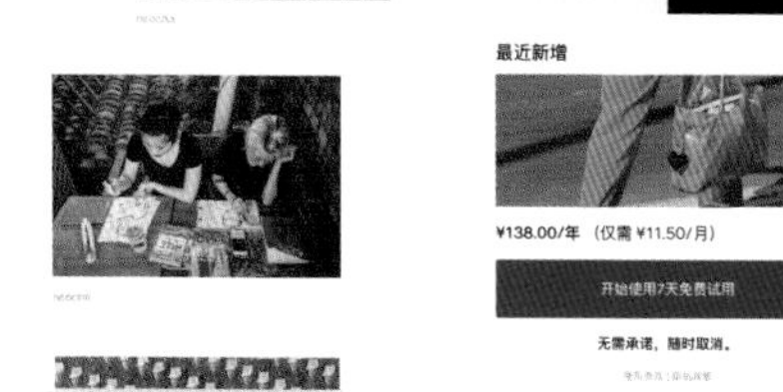

(4) “动态”是与其他摄影人交流的平台。

(5) VSCO Membership，花钱注册会员，可提供更多的预设模板和服务内容。

界面介绍

导入需要编辑的照片后，照片在“工作室”中显示，点选一张需要编辑的照片，出现下图界面。

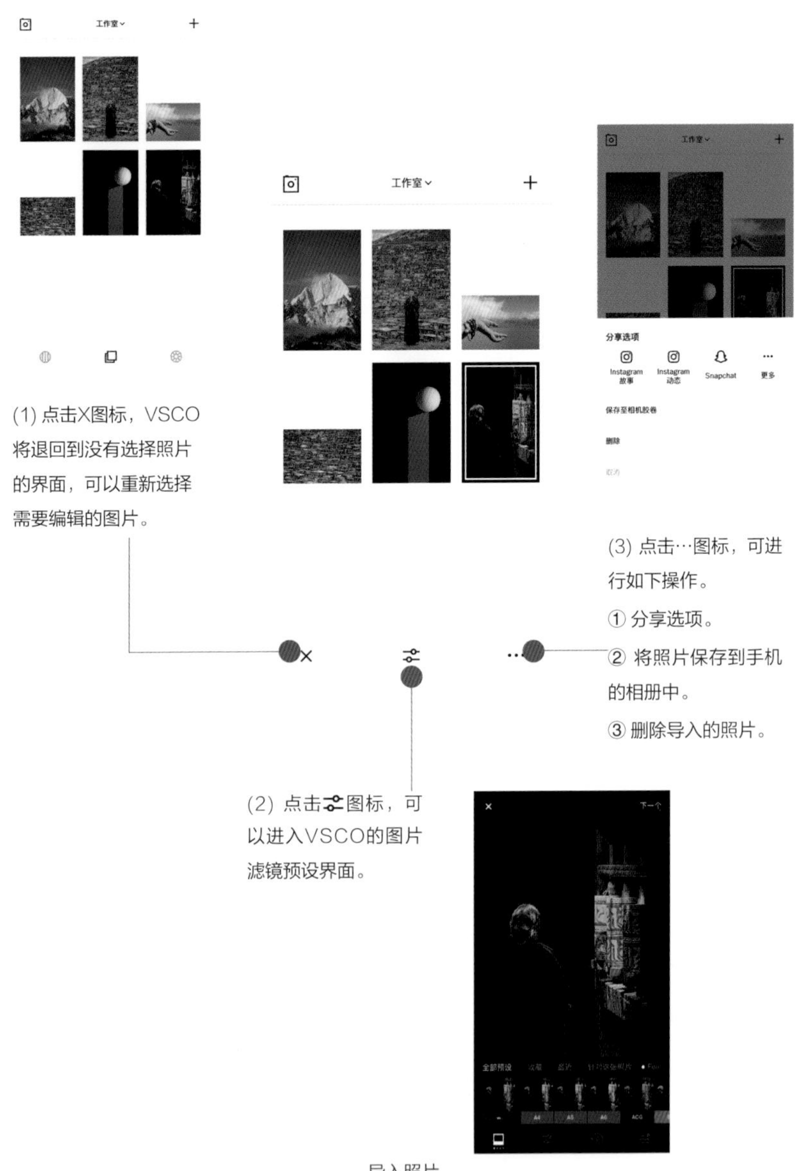

导入照片

3.1.2　滤镜功能介绍与使用

点击图标，进入 VSCO 的滤镜预设界面，如下图所示。

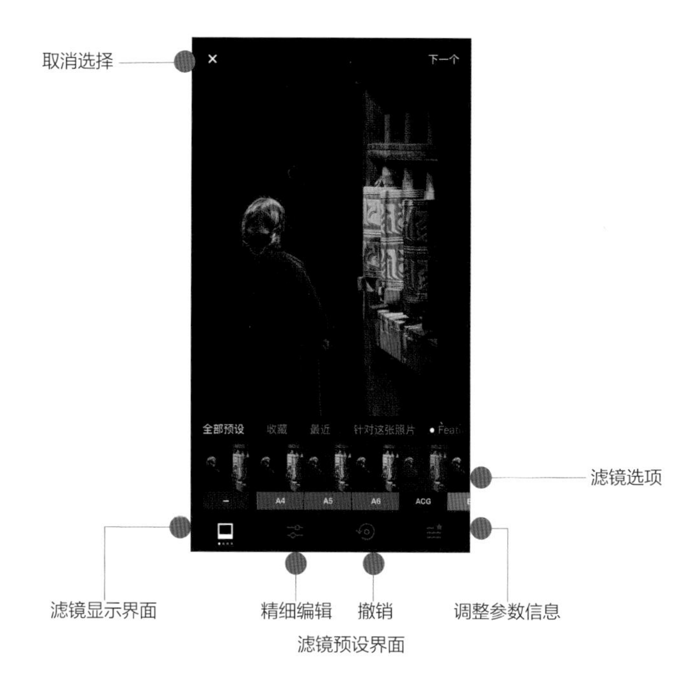

滤镜预设界面

各种不同的预设样式可以快捷地生成不同风格的照片。

A4　　A5　　A6

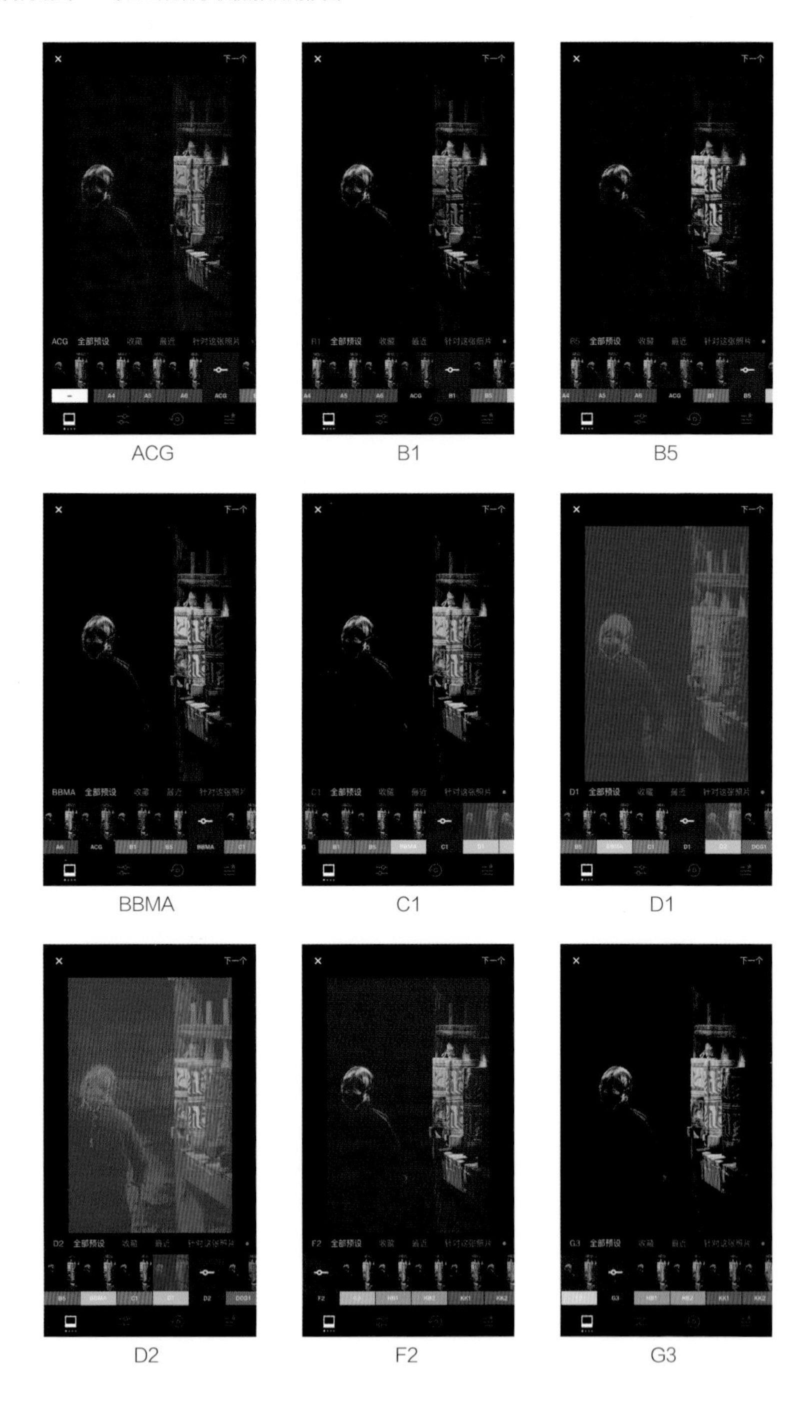

ACG B1 B5

BBMA C1 D1

D2 F2 G3

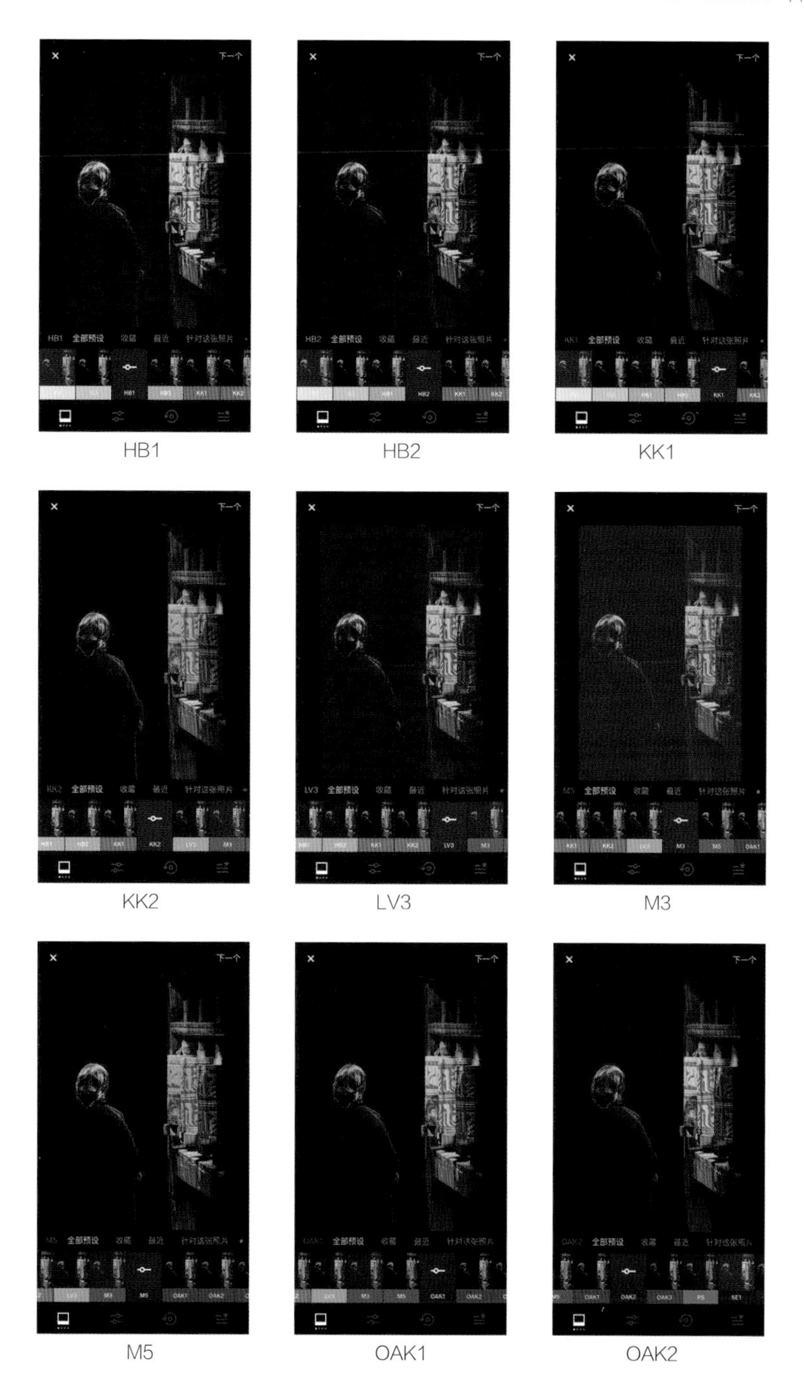

HB1　HB2　KK1

KK2　LV3　M3

M5　OAK1　OAK2

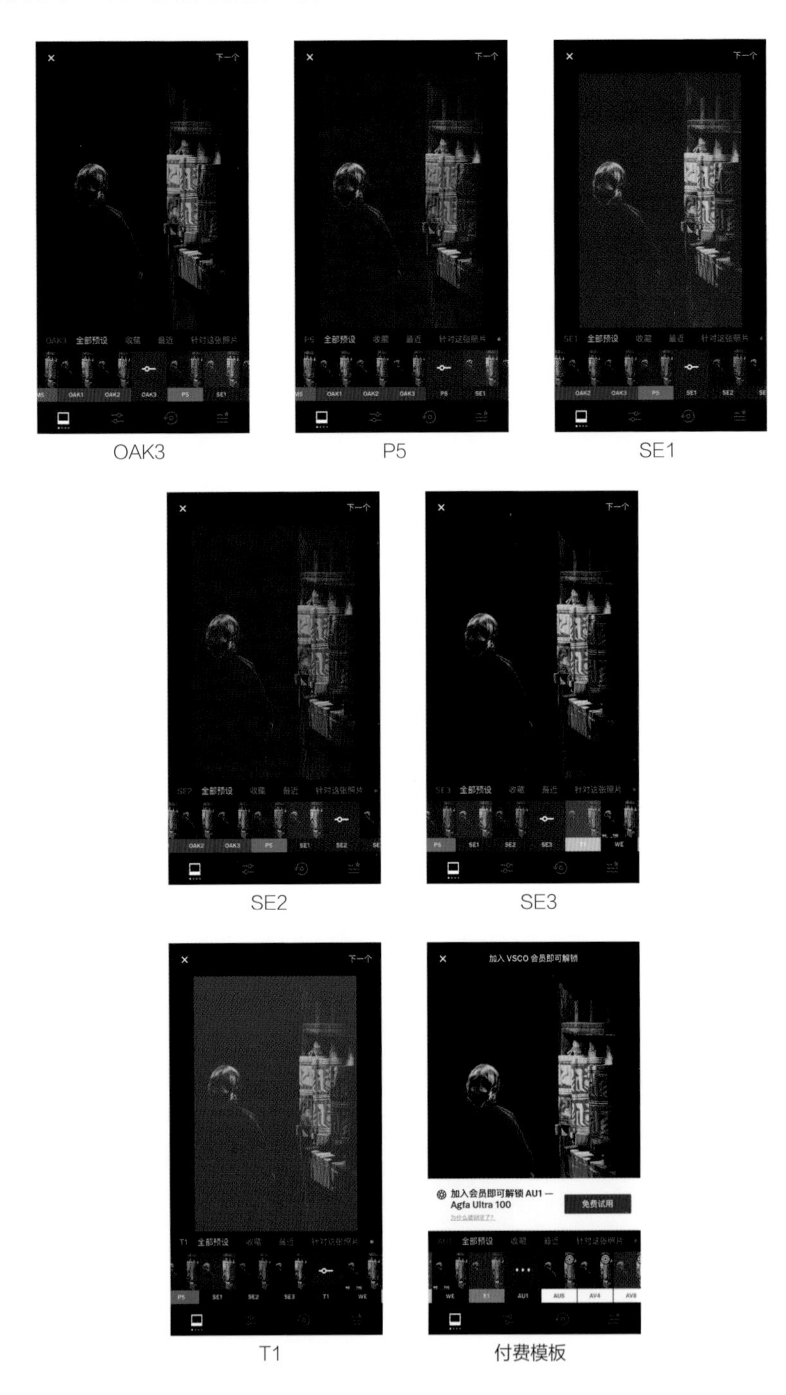

OAK3　　P5　　SE1

SE2　　SE3

T1　　付费模板

双击屏幕，弹出滤镜名称和 +12.0 的调节轴，0~12 代表滤镜强度，数字越大，滤镜效果越强；数字越小，滤镜效果越弱。

KK2滤镜　　KK2+12.0

KK2+6.0　　KK20

3.1.3　精细编辑介绍与使用

点击 图标后，进入 VSCO 精细编辑界面，如下图所示。在其中可以调整曝光、对比度、调节、锐化、清晰度、饱和度、色调、白平衡、肤色、暗角、颗粒、褪色、色调分离、边框（付费）和 HSL（付费）。

精细编辑界面

曝光：点击“曝光”图标，可以调整照片的亮暗。手指向右滑动增加数值，照片变亮；向左滑动降低数值，照片变暗。

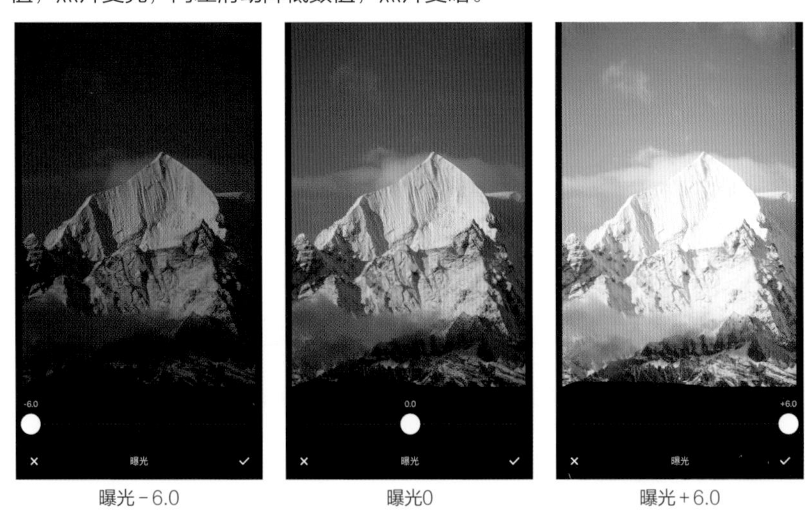

曝光－6.0　　曝光0　　曝光＋6.0

对比度：点击“对比度”图标，可以调整照片亮与暗的层次差别。手指向右滑动增加数值，亮的更亮，暗的更暗；向左滑动减少数值，亮的不亮，暗的不暗。

对比度－6.0

对比度0

对比度＋6.0

调节：点击“调节”图标，其中包含裁剪＋拉直、倾斜、裁切。在屏幕上，向右滑动，照片逆时针旋转；向左滑动，照片顺时针旋转。

点击图标，照片以逆时针方向 90° 旋转。

原图

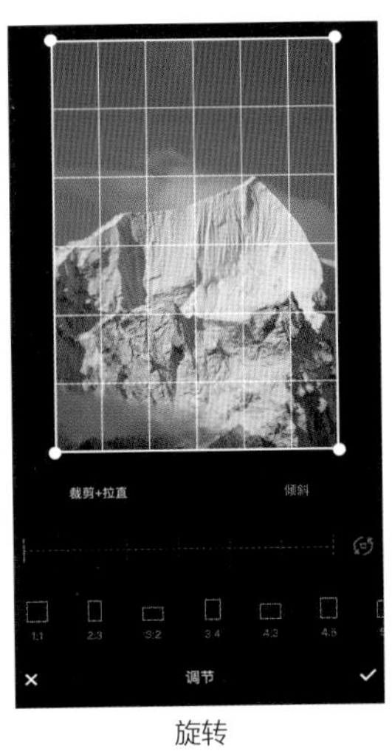

旋转

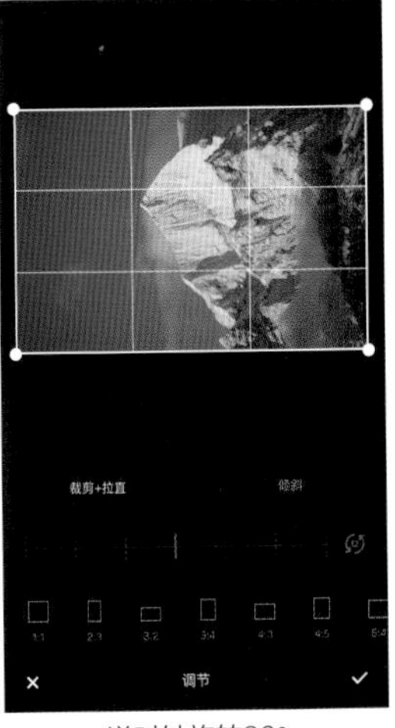

逆时针旋转90°

裁切可以按照 1∶1、2∶3、3∶2、3∶4、4∶3、4∶5、5∶4、9∶16、16∶9 比例剪切照片，也可以自由裁切。

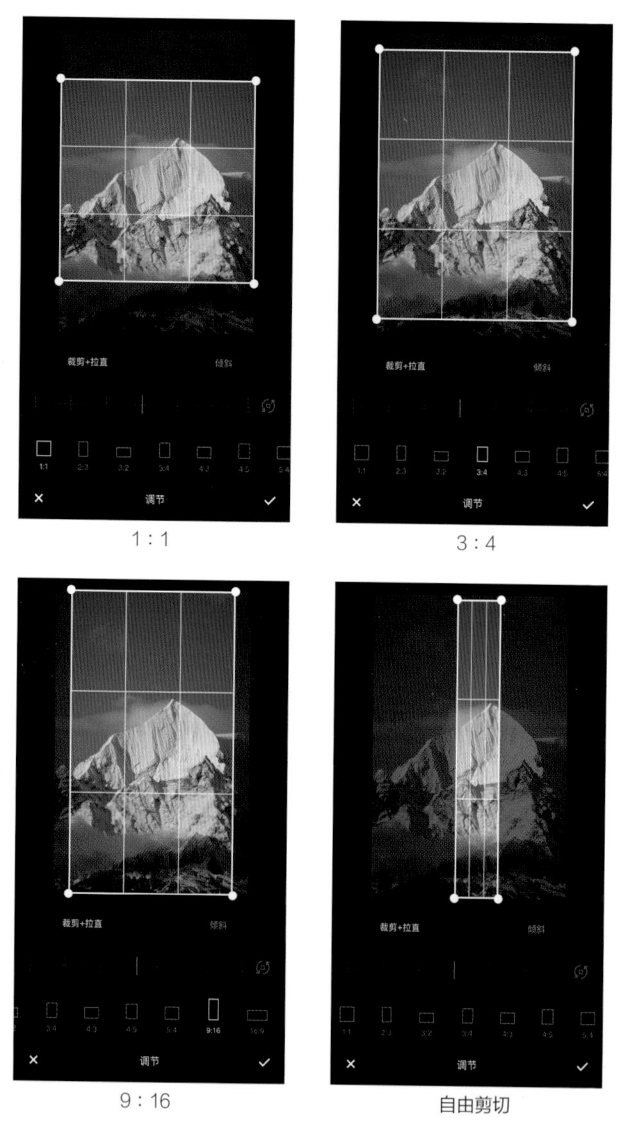

1：1　　3：4

9：16　　自由剪切

倾斜分为“X 倾斜”和“Y 倾斜”。在屏幕上，向右滑动 X 倾斜，照片左边缘收紧，右边缘拉伸，如变形；向左滑动 X 倾斜，照片左边缘拉伸，右边缘收紧，如变形。向右滑动 Y 倾斜，照片上面边缘拉伸，下面边缘收紧，如变形；向左滑动 Y 倾斜，照片上面边缘收紧，下面边缘拉伸，如变形。

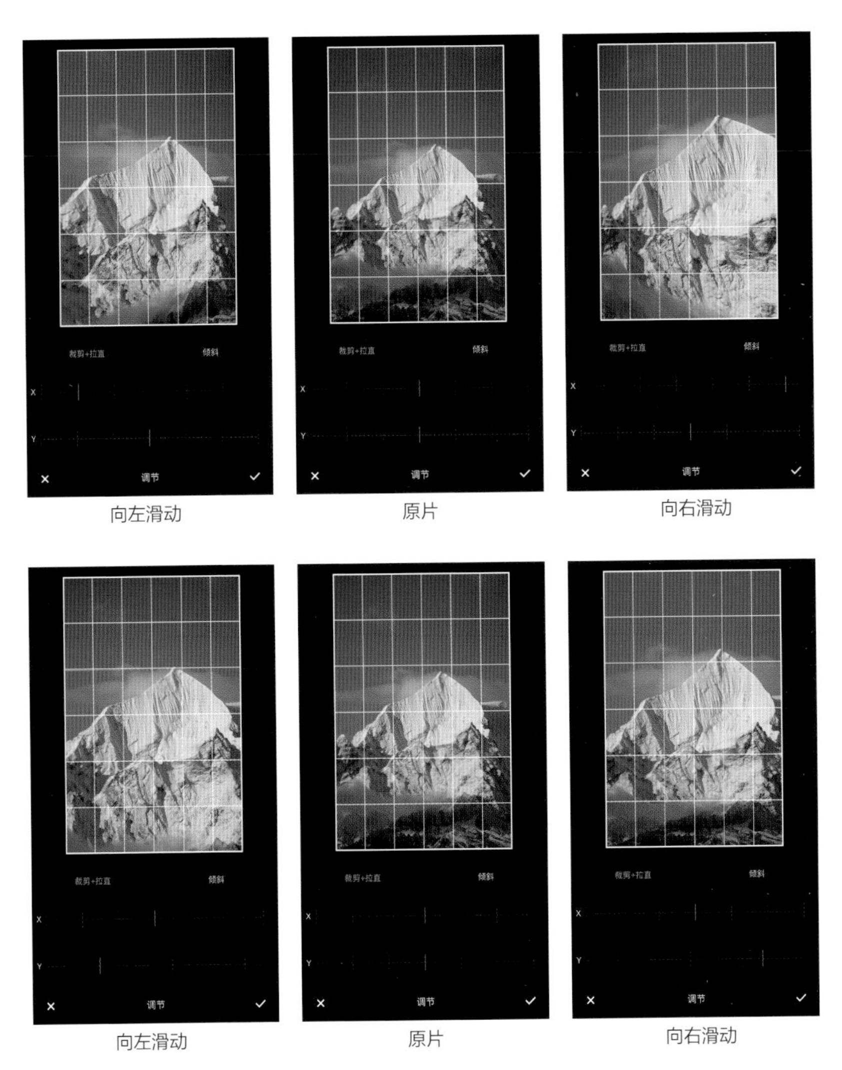

向左滑动　原片　向右滑动

向左滑动　原片　向右滑动

锐化：点击“锐化”图标，可以提升照片中清晰范围的清晰度。手指在屏幕上，向右滑动不断增加数值，照片中已清晰范围的清晰度会继续增加，但是对模糊的地方没有影响。锐化只能增加，不能减少。

锐化0　　锐化+6.0　　锐化+12.0

清晰度：点击“清晰度”图标，可以增加照片整体的清晰度。手指在屏幕上，向右滑动增加数值，清晰度整体增加，尤其是物体的轮廓线和边缘。清晰度只能增加，不能减少。

清晰度0　　清晰度+6.0　　清晰度+12.0

饱和度：点击“饱和度”图标，可以调整照片颜色的鲜艳程度。手指在屏幕上，向右滑动增加数值，照片饱和度增加，颜色变得更加鲜艳；向左滑动减少数值，照片饱和度降低，颜色变得不鲜艳。

饱和度-6.0　　饱和度0　　饱和度+6.0

色调：色调分为“高光”和“阴影”两部分。“高光”只调整照片亮部的层次，照片暗部不受影响。手指在屏幕上，向右滑动增加数值，明亮的部分会变暗，细节层次会变多。“阴影”只调整照片暗部的层次，亮部不受影响。手指在屏幕上，向右滑动增加数值，暗的部分会变亮，细节层次变多。

原片　　高光+6.0　　高光+12.0

阴影+6.0　　阴影+12.0

白平衡：白平衡分为“色温”和“色调”两部分。“色温”和单反相机白平衡里的色温相同，色温数值高，照片偏黄；色温数值低，照片偏蓝。手指在屏幕上，向右滑动增加色温，照片偏黄；向左滑动降低色温，照片偏蓝。“色调”和单反相机里的色调相同。手指在屏幕上，向右滑动增加品红色，照片偏紫红色；向左滑动增加绿色，照片偏黄绿色。

原片　　色温-6.0　　色温+6.0

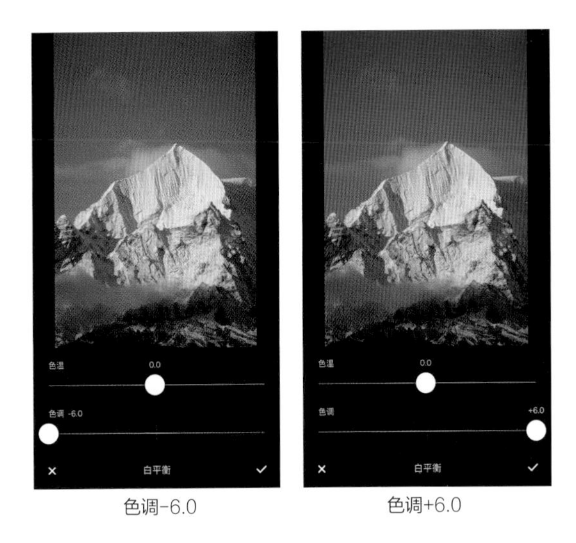

色调-6.0　　色调+6.0

肤色：点击“肤色”图标，可以调节人物皮肤的颜色。手指在屏幕上，向右滑动增加绿色，皮肤偏绿；向左滑动增加品红色，皮肤偏红。

肤色-6.0　　肤色0　　肤色+6.0

暗角：点击“暗角”图标，可以给照片四周增加黑角。手指在屏幕上，向右滑动增加数值，照片四角会越来越暗。

暗角0　　暗角+6.0　　暗角+12.0

颗粒：点击“颗粒”图标，可以为照片增加颗粒噪点，模拟胶片效果。手指在屏幕上，向右滑动增加数值，照片颗粒感会越来越明显。

颗粒0　　颗粒+6.0　　颗粒+12.0

褪色：点击“褪色”图标，手指在屏幕上，向右滑动增加数值，照片同时降低对比度、提亮阴影、压暗高光，产生时间久远褪色之感。

褪色0　　褪色+6.0　　褪色+12.0

色调分离：色调分离分为“阴影色调”和“高光色调”两部分。“阴影色调”可以为照片中的阴影暗部选择一种单色，点击 6 种单色种的任何一种，暗部会自动附着所选颜色。“高光色调”可以为照片中的高光亮部选择一种单色，点击 6 种单色种的任何一种，高光会自动附着所选颜色。

红色+12.0　　橙色+12.0　　黄色+12.0

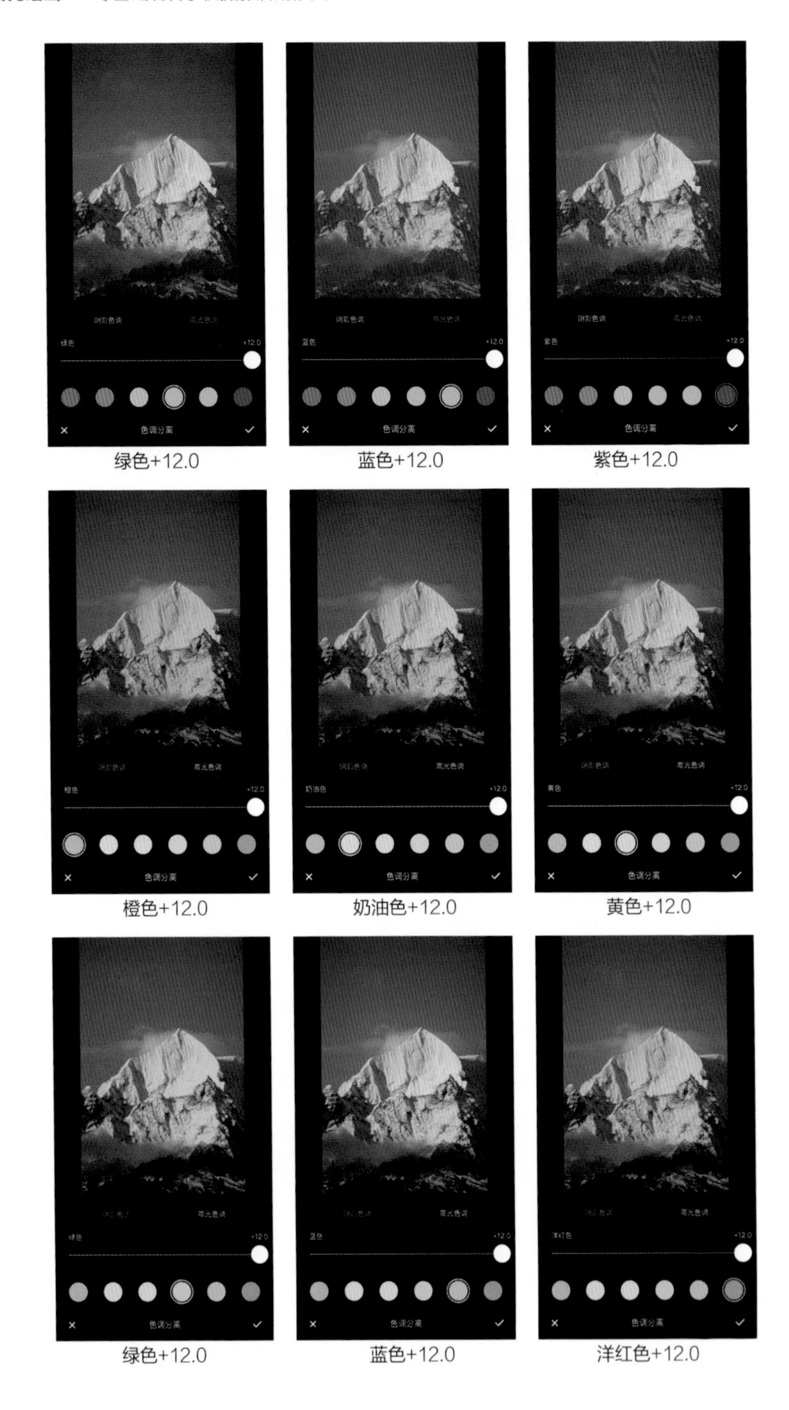

绿色+12.0　蓝色+12.0　紫色+12.0

橙色+12.0　奶油色+12.0　黄色+12.0

绿色+12.0　蓝色+12.0　洋红色+12.0

3.2 水彩画Waterlogue

Waterlogue 是 iOS 平台上的一款付费图像处理 App。将照片导入 Waterlogue 中，根据选择的滤镜样式，会在极短的时间内，将照片处理成一幅漂亮的水彩画，整个处理过程会在手机屏幕上完整显示出来，仿佛真地画了一幅水彩画一样。

Waterlogue 能够将照片变成色彩斑斓的水彩风格，不仅仅是将照片简单地像素化，而是以更直观、华丽的方式进行照片转化。即使照片在构图或者拍摄角度方面有些小瑕疵，经过后期水彩风格渲染之后都会变得非常完美。

Waterlogue App

Waterlogue 的界面设计非常简洁，我们可以选择不同的滤镜样式、笔触大小、亮度、边框等。

滤镜样式后面是“精细度选择”，如小(4)、中(6)、大(8)、巨大(10)、Jumbo(12)，数字越大越精细。这里建议大家选择 8 以后的数字。Waterlogue 生成照片时间较长，需要耐心等待。

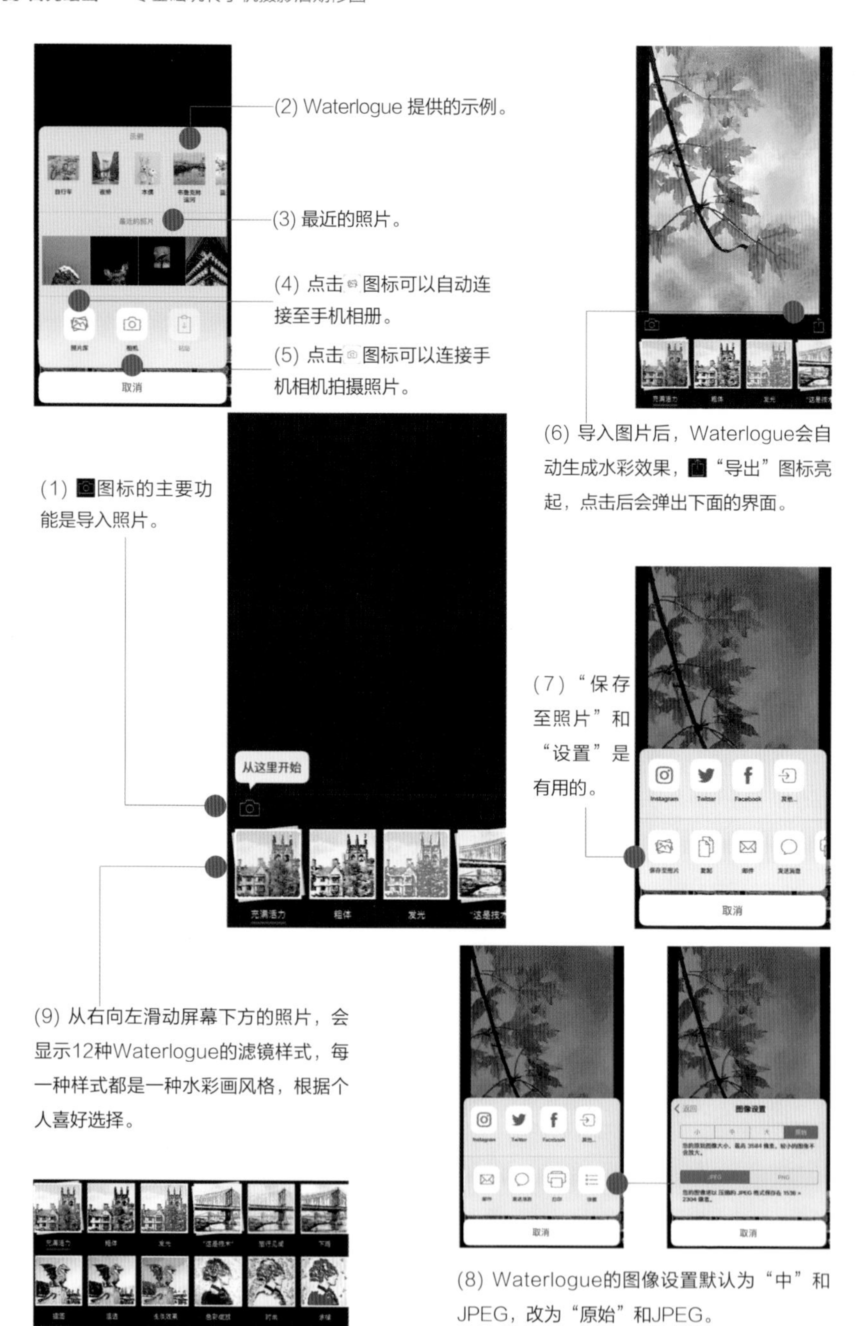
(1) 图标的主要功能是导入照片。
(2) Waterlogue 提供的示例。
(3) 最近的照片。
(4) 点击图标可以自动连接至手机相册。
(5) 点击图标可以连接手机相机拍摄照片。
(6) 导入图片后，Waterlogue会自动生成水彩效果，“导出”图标亮起，点击后会弹出下面的界面。
(7)“保存至照片”和“设置”是有用的。
(8) Waterlogue的图像设置默认为“中”和JPEG，改为“原始”和JPEG。
(9) 从右向左滑动屏幕下方的照片，会显示12种Waterlogue的滤镜样式，每一种样式都是一种水彩画风格，根据个人喜好选择。
从这里开始
取消

界面介绍

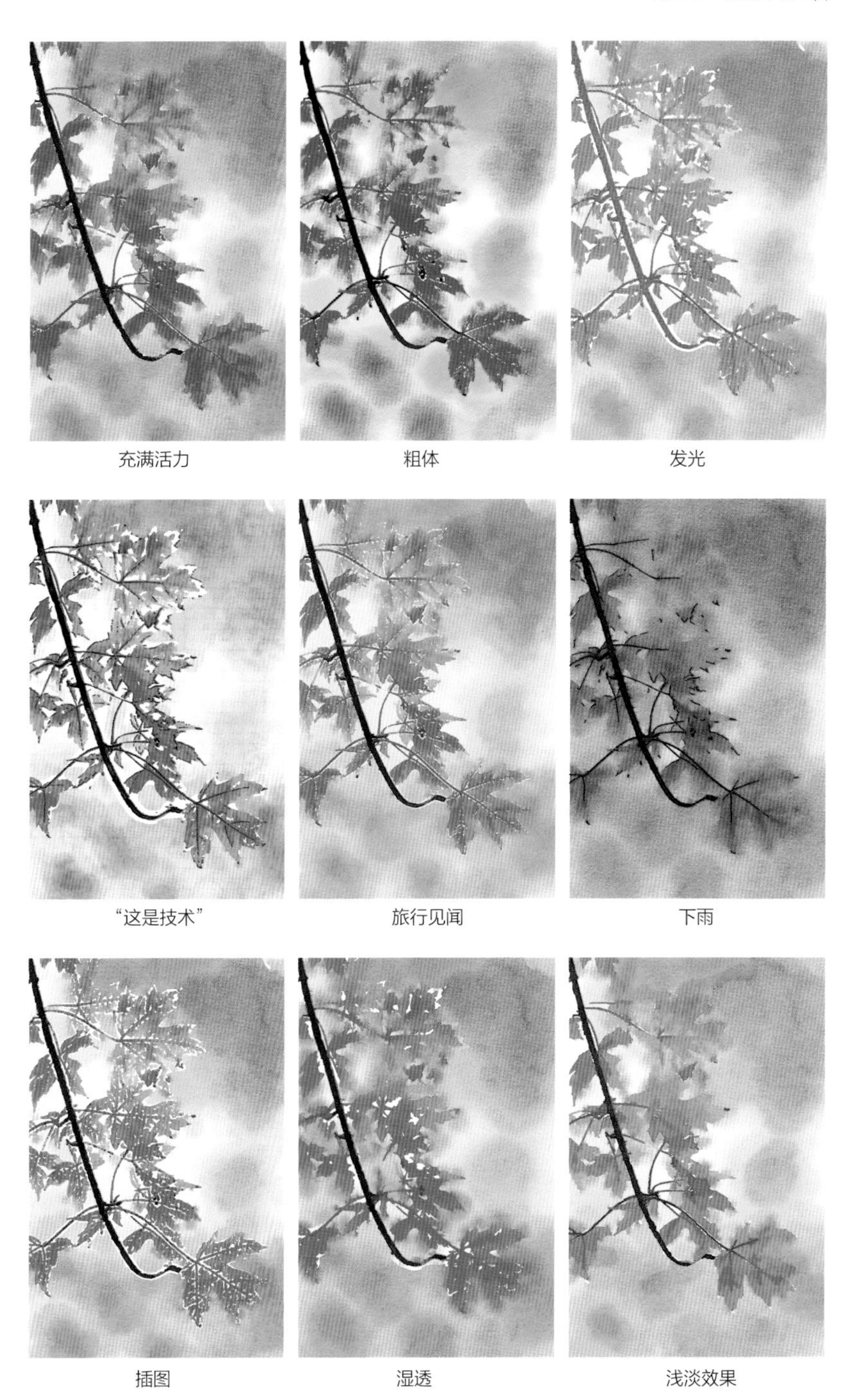

充满活力　粗体　发光

“这是技术”　旅行见闻　下雨

插图　湿透　浅淡效果

色彩绽放　　时尚　　涂掉

选择 12 种不同的滤镜样式，得到的水彩画效果完全不同，每一种样式其实都是 Waterlogue 在模拟不同的水彩纸的吸水程度，还有在作画过程中，水与颜色的浓淡比例不同所呈现的效果。

小　　Jumbo特大

精细度后面是自动曝光、最暗、更暗、中、更亮、最亮。选择不同的亮度，Waterlogue 会生成明暗不同的水彩画效果照片，这里一般选择自动曝光，但是如果个人喜好亮的或者暗的效果，可以修改设置。

亮度选择后面是“无边框选择”，Waterlogue 默认是无边框，点击图标可以为水彩画添加一个白边。

Waterlogue 有一个非常人性化的设计，就是每次的设置调整，例如选择不同的滤镜样式、精细度、亮度、有无边框，Waterlogue 都会在原图旁边给出一个小的缩略图（并非最后效果），方便我们去比较效果，以判断是否更改。点击缩略图即可完成更改，而点击原片则不更改，极大地节省等待时间。

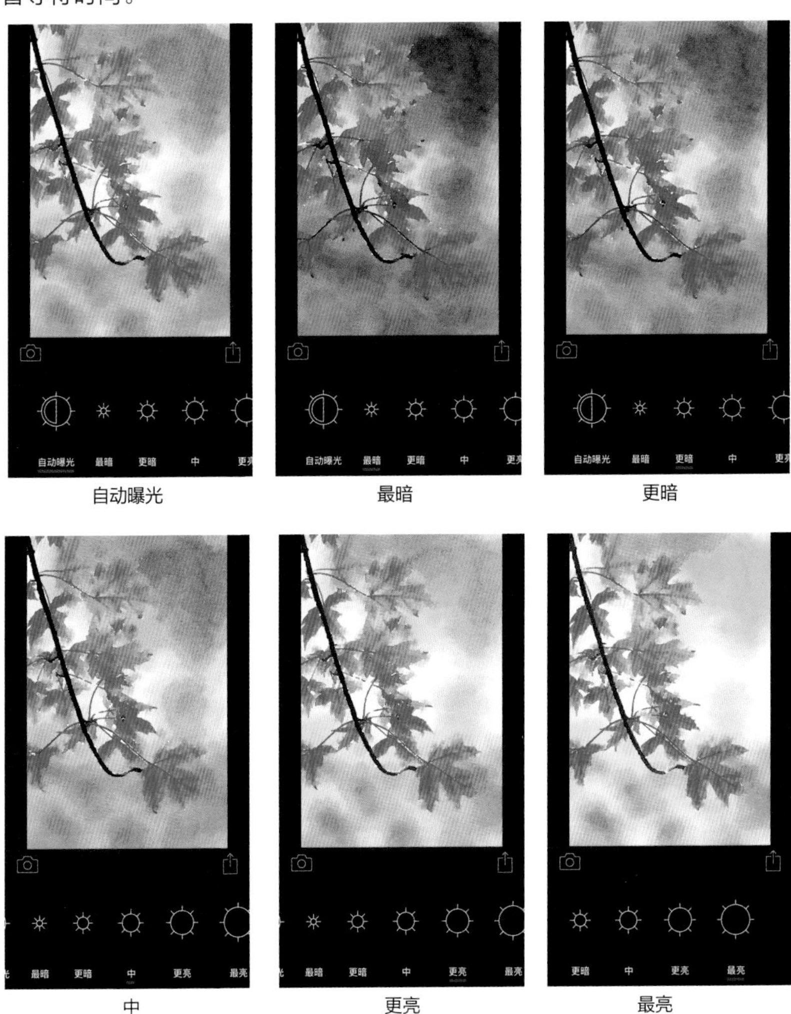

自动曝光　最暗　更暗

中　更亮　最亮

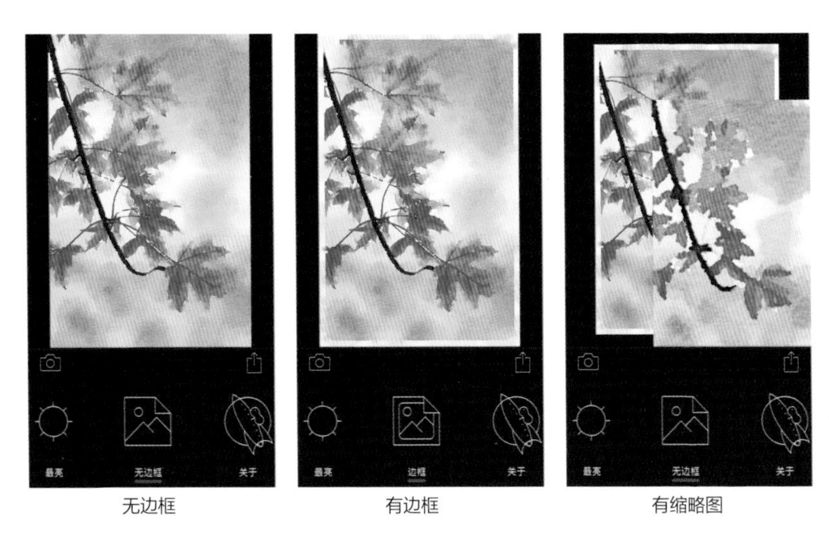

无边框　　有边框　　有缩略图

Waterlogue 是目前模拟水彩画最好的 App 之一，就像它的宣传语所说："See the world like an artist（像艺术家一样去看世界）"。拥有这个 App 就仿佛拥有了艺术家的眼睛和画笔，让我们见证它的神奇吧！

作品

3.3 风格绘画Prisma

Prisma 是一款非常强大的 App，在 iOS 平台和安卓手机平台都能免费下载。

Prisma 通过人工智能的运算方式，获取著名绘画大师和一些主要艺术流派的绘画风格。照片导入 Prisma 后，选择不同的绘画滤镜效果，那些普通的照片便可以模仿出著名艺术家画作的风格，包括颜色、笔触、肌理等，非常逼真、传神。

它令人惊艳之处在于，能将一张再普通不过的照片瞬间变成让人一眼难忘的艺术作品，其风格从野兽派劳尔杜飞的静物画再到现代派大师毕加索的抽象立体主义，照片就像被这些世界顶级艺术大师重绘出来一样，成为一幅幅的“名画”艺术品……

Prisma 的界面设计非常简洁，我们只需要选择不同的滤镜样式即可得到一张近似大师的艺术作品。

Prisma App

(1) 点击Prisma图标后，会直接进入拍摄界面，如果想修饰手机相册照片，点击▲图标，会自动连接手机相册，选择想修饰的照片，点击便可进入Prisma。

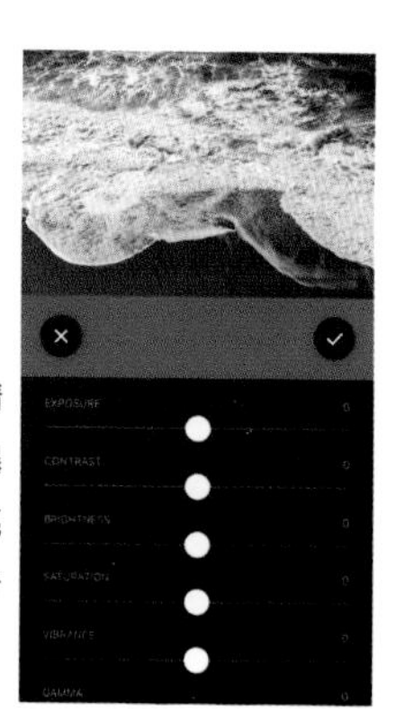

(3) 点击⚙图标，进入Prisma的精细调整，可以对曝光、对比度、亮度、饱和度等进行调节。

(2) 点击X图标，退回相机相册，重新选择。

(5) 使用滤镜处理好照片后，点击⬆图标进入导出分享界面，点击Save图标保存照片。

(4) 手指从右向左滑动，下面会出现各种Prisma滤镜。选择一个喜欢的滤镜，Prisma会自动按照所选滤镜风格处理照片。

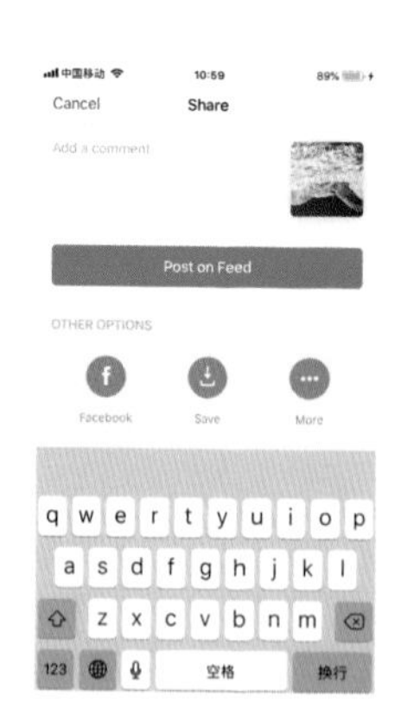

界面介绍

部分 Prisma 滤镜介绍如下。

1. Mondrian

彼埃·蒙德里安(Piet Cornelies Mondrian，1872—1944 年)，荷兰画家，几何抽象画派的先驱，以几何图形为绘画的基本元素，非具象绘画的创始者之一，对后世的建筑、设计等影响很大。

Mondrian 滤镜是将照片内的物体几何化，与蒙德里安的绘画风格保持一致，将物体抽象成线条和色块，创造出一种自然平和之美。

原片

Mondrian滤镜处理效果

2. The Scream

爱德华·蒙克(Edvard Munch，1863—1944 年)，挪威画家，现代表现主义绘画的先驱。蒙克的绘画处理手法对 20 世纪初德国表现主义的成长起了重要的影响，主要作品有《尖叫》。

The Scream 滤镜是将蒙克的作品《尖叫》中的主要颜色提取出来，与照片的亮暗相对应，浅色替换亮的位置，深色替换暗的位置，模仿出类似《尖叫》的色彩作品。

原片

The Scream滤镜处理效果

3. Roy

罗伊·利希滕斯坦(Roy Lichtenstein，1923—1997年)，美国画家，波普艺术大师。作为波普艺术的代表艺术家，利希滕斯坦最著名的就是他的漫画和广告风格结合的绘画。

Roy滤镜是模仿罗伊·利希滕斯坦的作品，将照片进行波普艺术的处理，分成色块、像素、线条等，就像丝网印刷一样。同时Roy滤镜还提取了罗伊·利希滕斯坦作品的颜色，对照片颜色进行替换。

原片

Roy滤镜处理效果

4. Femme

巴勃罗·毕加索 (Pablo Picasso，1881—1973 年)，西班牙画家，是现代艺术的创始人之一，也是西方现代派绘画的主要代表。他的《亚威农少女》开创了立体主义画派的新篇章。

Femme 滤镜模拟毕加索的立体主义画风，将空间立体透视变成二维平面展示出来。但是从滤镜渲染的效果来看，好像并没有很像毕加索的作品，Prisma 还需要努力。

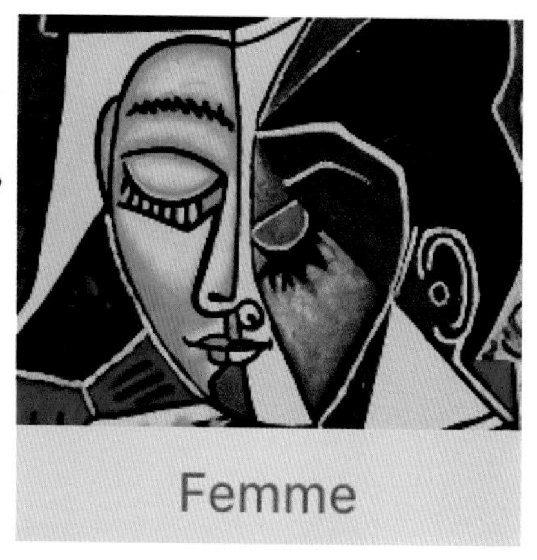

原片

Femme滤镜处理效果

5. Transverse Line

瓦西里·康定斯基 (Wassily Kandinsky，1866—1944 年)，俄罗斯画家、美术理论家。康定斯基与彼埃·蒙德里安同是抽象艺术的先驱。

Transverse Line 滤镜模拟康定斯基的点线面理论，将照片中所有的景物抽象成绘画的基本组成元素点、线、面，表现出图形组合的艺术效果。

原片

Transverse Line滤镜处理效果

6. Udnie&Gothic

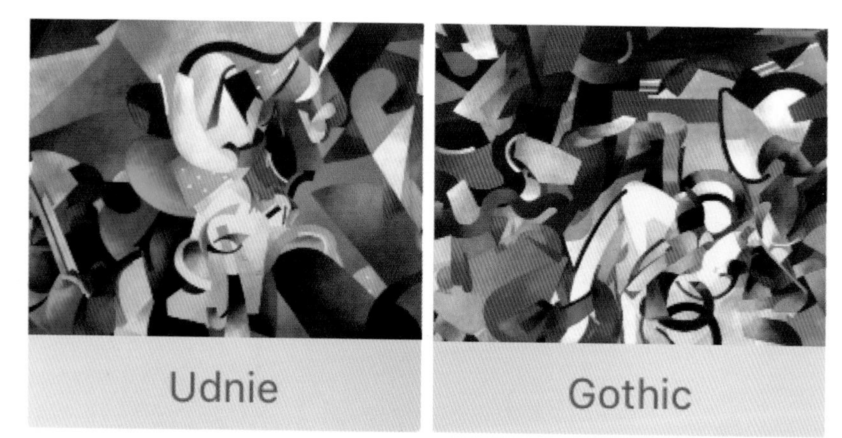

弗朗西斯·皮卡比亚(Francis Picabia，1879—1953年)，法国画家。1908—1911年，皮卡比亚从崇拜印象主义转到热衷立体主义，再到最后成为达达派的创始人，完成艺术上的飞跃。

Udnie滤镜色调较暗，渲染后的效果宁静淡雅；Gothic滤镜色彩比Udnie滤镜更温暖、丰满一些，渲染后的效果更受大家喜欢。

原片　　Udnie滤镜处理效果　　Gothic滤镜处理效果

7. Wave

葛饰北斋(Katsushika Hokusai，1760—1849 年)，日本江户时代的浮世绘画家，他的绘画风格对后来的欧洲画坛影响很大，德加、马奈、梵·高、高更等许多印象派绘画大师都临摹过他的作品。

Wave 滤镜是模仿葛饰北斋的经典作品《神奈川冲浪里》的色彩和绘画风格制作的。点选后，照片即刻变成《神奈川冲浪里》的色调风格和笔触效果。

原片

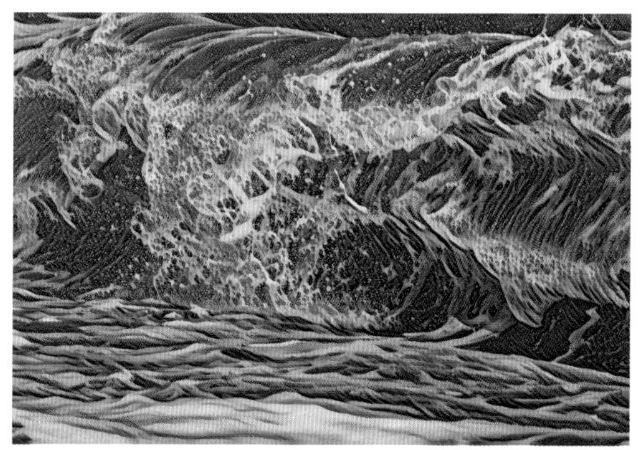

Wave滤镜处理效果

8. Dancers in Blue & Dancers in Pink

埃德加·德加(Edgar Degas，1834—1917 年)，法国印象派重要画家，擅长用色粉表现跳芭蕾舞的女子。

Dancers in Blue 和 Dancers in Pink 两个滤镜是模仿德加的色粉画效果设定的，Blue 偏冷色，Pink 偏品红色。

原片

Dancers in Blue滤镜效果

Dancers in Pink滤镜效果

9. Mosaic

Mosaic 可翻译成“马赛克”，有镶嵌图案和拼贴画的意思。马赛克最早源于古希腊，是用贝壳等天然贵重材料镶嵌的艺术品，后期用于宗教壁画和教堂建筑装饰。

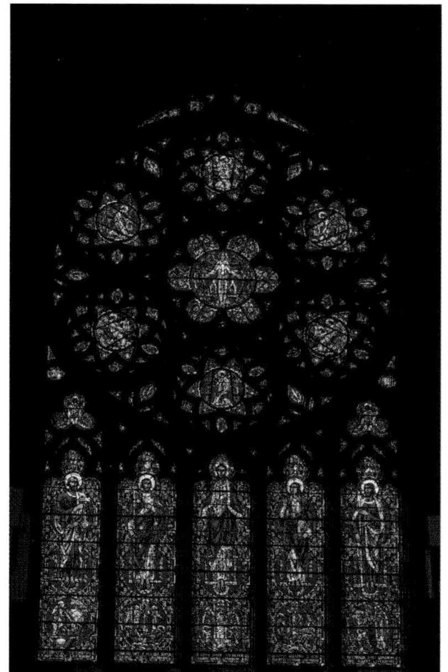
原片

Mosaic滤镜效果

10. Hunter

Hunter 滤镜模仿法国画家亚历山大·弗朗索瓦·迪斯波茨的油画作品《Self-portrait in Hunting Dress 猎装自画像》，点选滤镜后，照片会变成古典油画效果，包括颜色、笔触、色调等。

原片

Hunter滤镜效果

3.4 装裱VOUN

VOUN App

俗话说："三分画，七分裱"照片亦是如此，一张漂亮的照片也需要有好的装裱衬托，这里介绍一款非常强大的照片装裱 App，即 VOUN，它在 iOS 平台可以免费下载。

每一次打开 VOUN 都会看到不同用户的作品，犹如浏览一个精美的画廊。VOUN 提供了大量的边框，每一个都是精心制作的展览画框，即使是免费画框也非常漂亮。少数的画框需要购买后解锁。选择画框后，再点击调节按钮还可以细致调节画框的阴影、尺寸、高光层等参数，让它看上去更加符合用户的展览要求。

4种效果

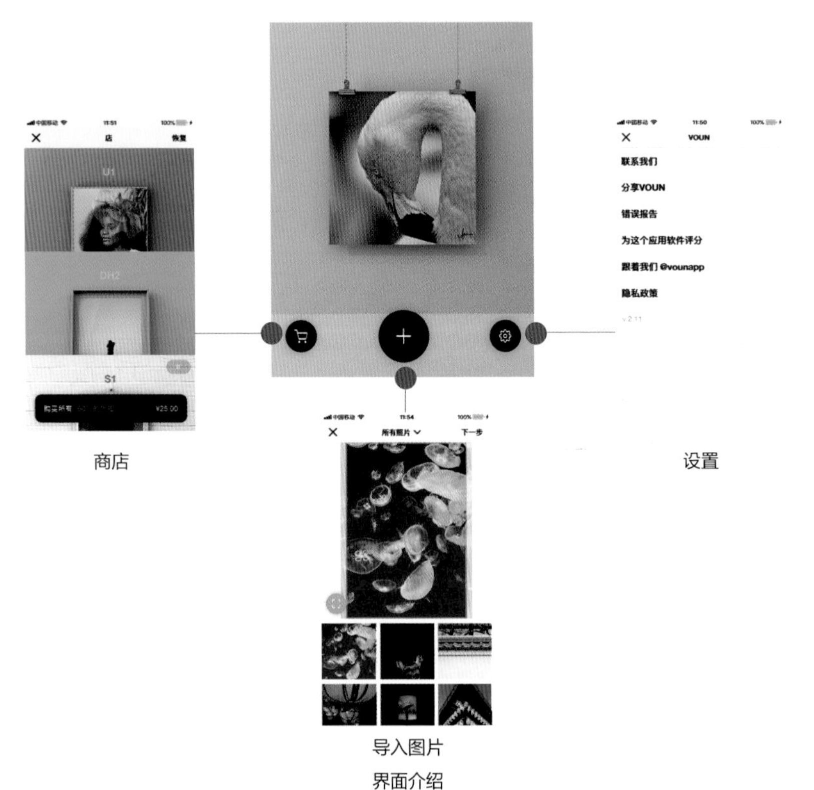

商店

设置

导入图片

界面介绍

选择需要修饰的照片进入VOUN中，点击左下角的图标，可以将照片裁切成正方形。移动或者放大照片时，会出现井字形黄金比例分割线。选好后，点击右上角的“下一步”图标，进入精细编辑界面。

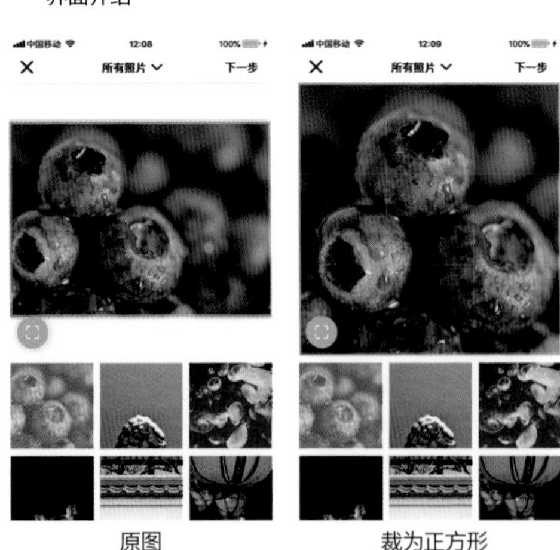

原图　　裁为正方形

进入精细编辑界面中，第 1 个是“帧”。“帧”是 VOUN 提供的装裱样式，选择不同的字母编号，可以得到不同的装裱效果。“帧”中提供了 8 个免费和若干付费的装裱样式。

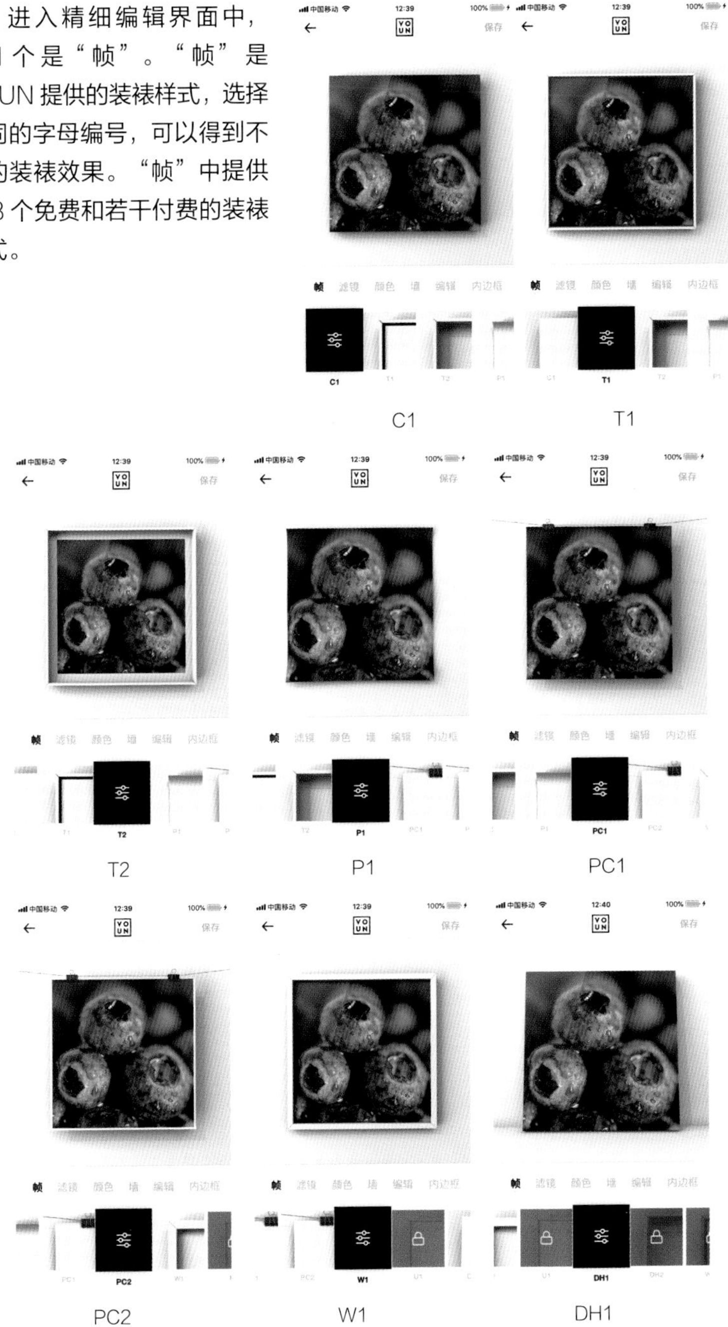

点击帧上的图标，可以对“帧”提供的装裱样式进行精细编辑，放大（调节照片尺寸大小）、阴影（照片与背景的阴影强弱）、光（自然光线强度）、反光（装裱上的镜面反光）、背景（照片后背景的颜色）、背景渐变（根据自然光线照片后背景的颜色渐变）、梯度方向（背景渐变的方向）、梯度强度（背景渐变的效果强弱）。

这里的精细调整很好地还原了装裱的真实效果，可以根据自己的喜好调节数值。

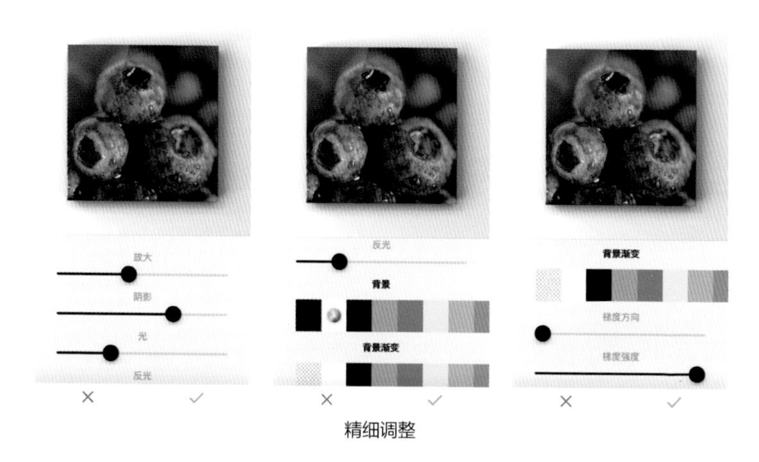

精细调整

进入精细编辑界面中，第 2 个是“滤镜”。“滤镜”提供了 11 个样式。选择不同的滤镜，可以得到不同的色调效果。

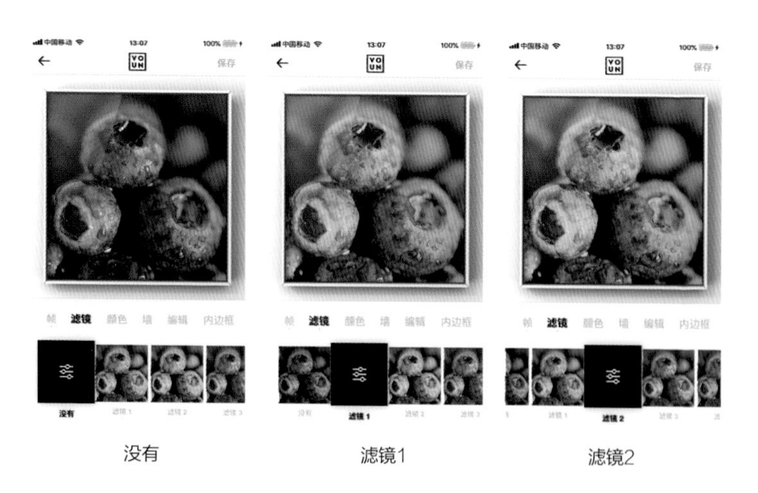

没有　　滤镜1　　滤镜2

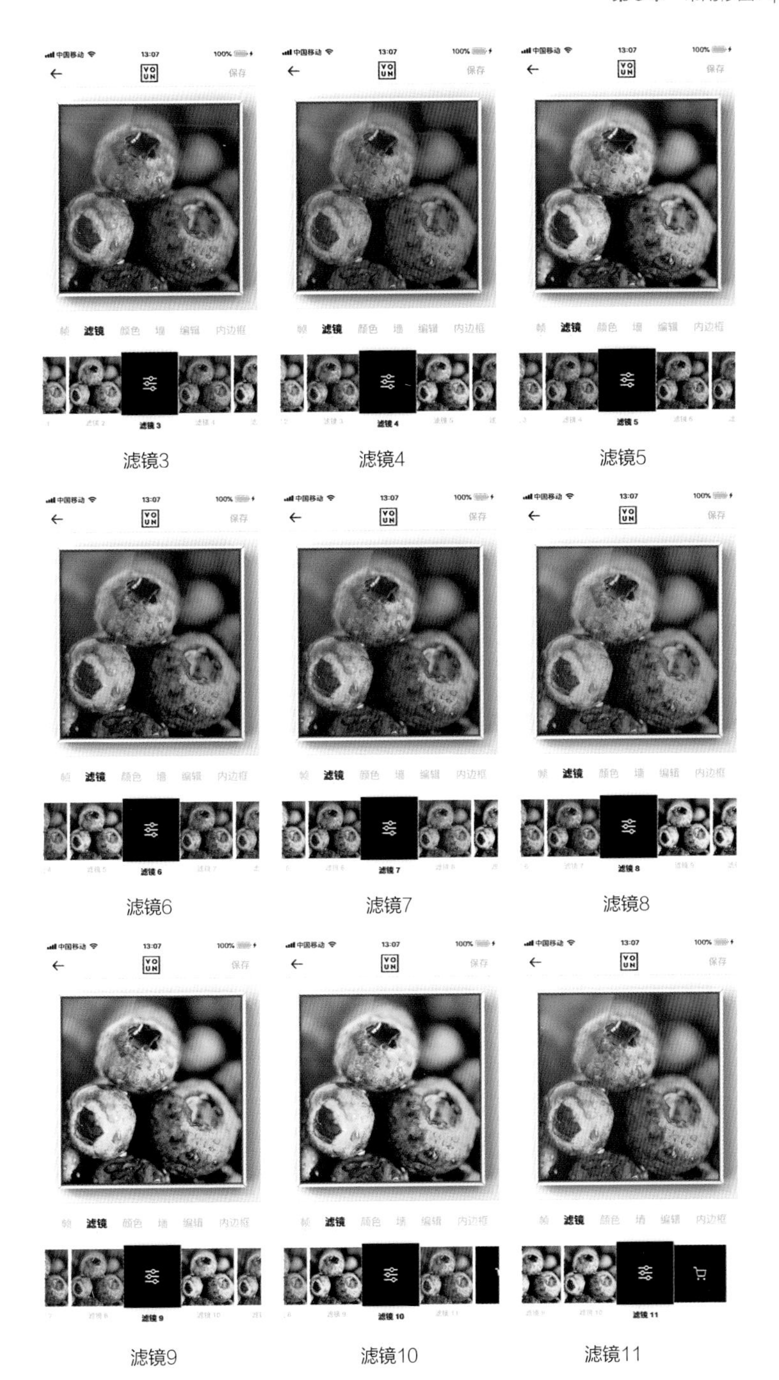

滤镜3　滤镜4　滤镜5

滤镜6　滤镜7　滤镜8

滤镜9　滤镜10　滤镜11

点击滤镜上的图标，多了一个滤镜（滤镜效果强度），其余与帧的精细编辑相同。

进入精细编辑界面中，第3个是“颜色”。“颜色”提供了23种不同的背景颜色与外框颜色。不同的组合可以产生不一样的视觉效果。

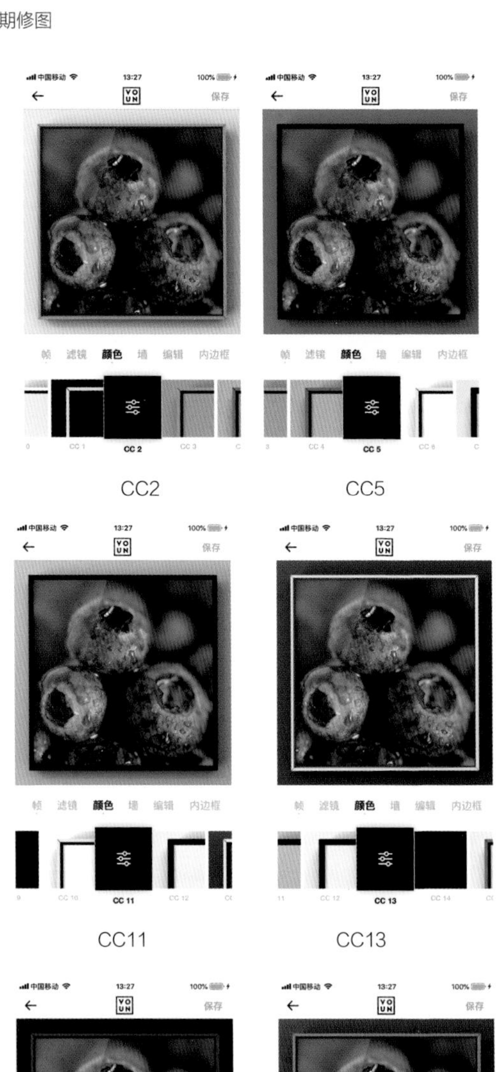

CC2　　CC5

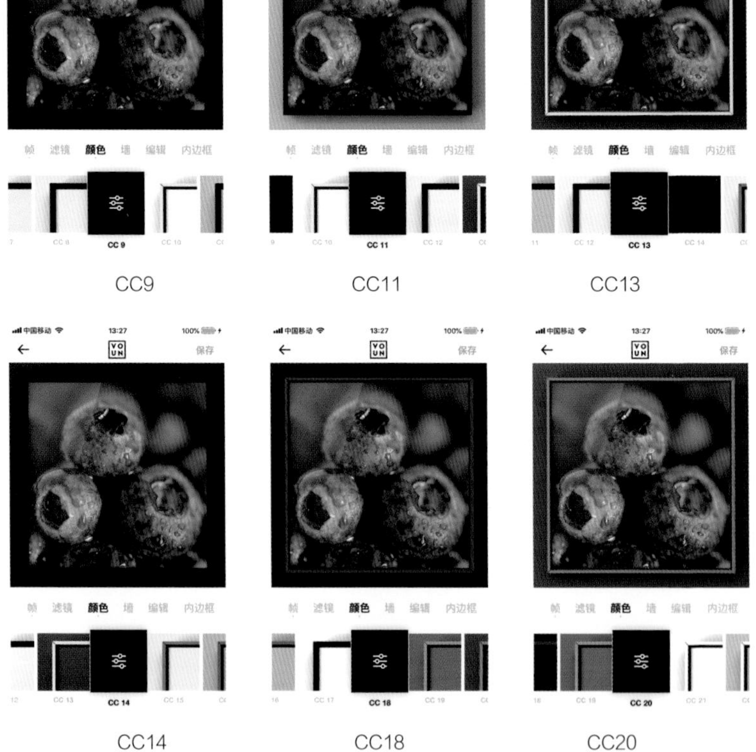

CC9　　CC11　　CC13

CC14　　CC18　　CC20

进入精细编辑界面中，第 4 个是“墙”。该选项中提供了 8 种不同材质的墙面样式。选择不同的墙面样式，得到不同的材质肌理效果，给人不同的视觉感官效果。

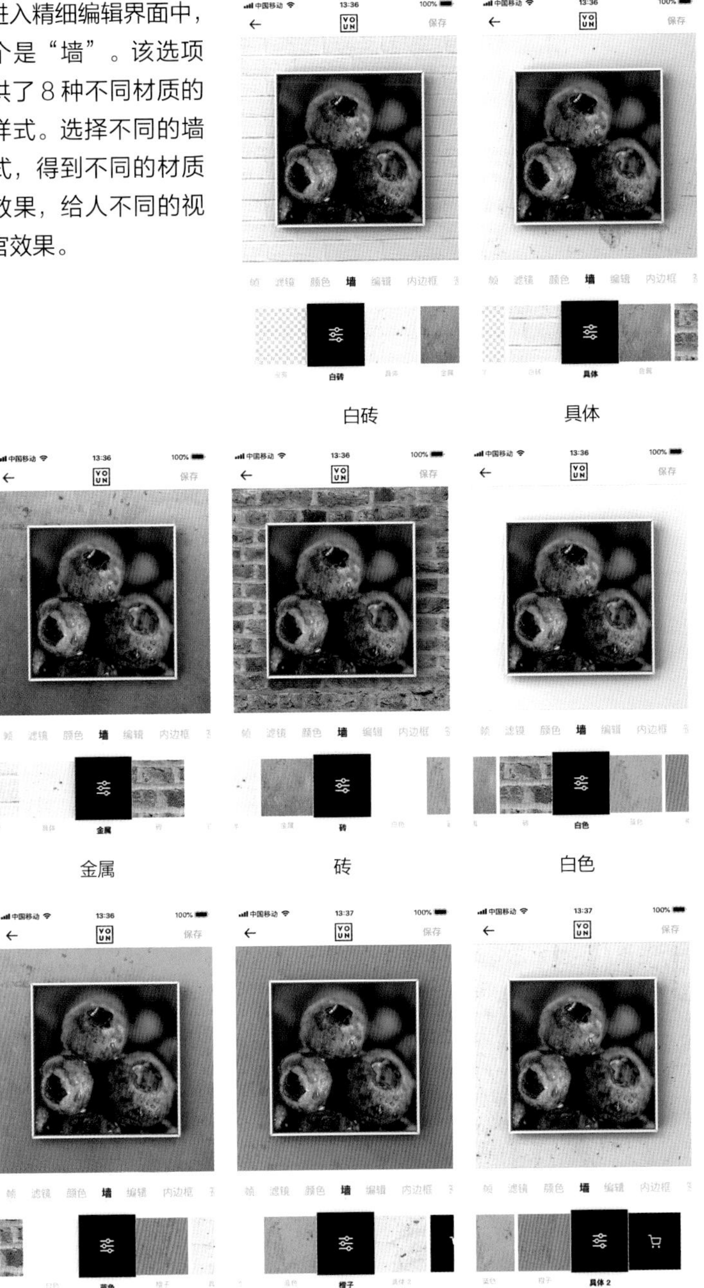

白砖　具体

金属　砖　白色

蓝色　橙子　具体2

进入精细编辑界面中，第 5 个是“编辑”。“编辑”选项中包含亮度、曝光、对比、锐化、自然饱和度、饱和度、结构、高光、阴影、色温、褪色、晕影、色调、校正、垂直倾斜、水平倾斜、翻转和旋转。这些与 Snapseed 和 Vsco 相同，这里就不赘述。

进入精细编辑界面中，第 6 个是“内边框”。“内边框”选项中提供了 9 种不同形状的内边框样式。选择不同的样式，给人不同的视觉感官效果。

圆　　广场　　长方形

V长方形　　三角形　　V三角形

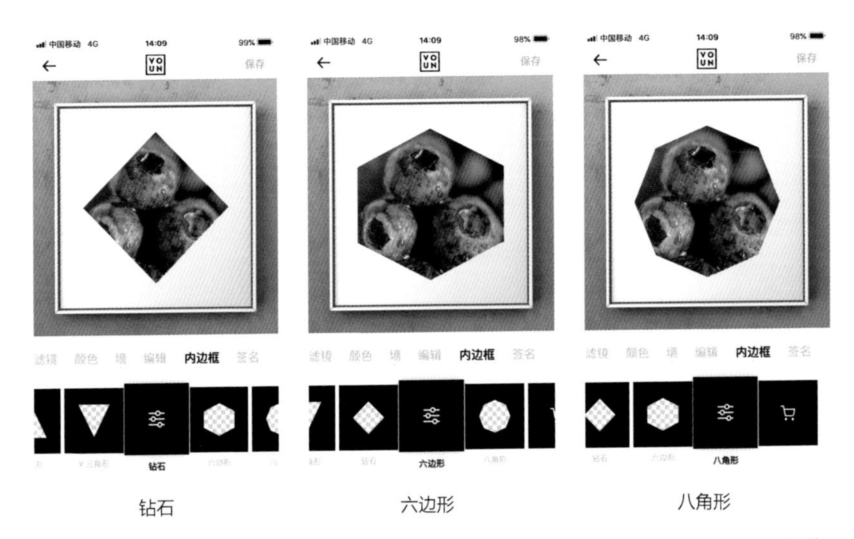

钻石　　六边形　　八角形

点击内边框上的图标，多了内边框（内边框大小范围），还有内边框颜色选择。

进入精细编辑界面中，第 7 个是“签名”。“签名”包含签名位置、笔迹颜色、笔迹粗细、重置 4 个选项。点击 4 个箭头图标，签名位置会在右下、左下、左上、右上之间循环切换。

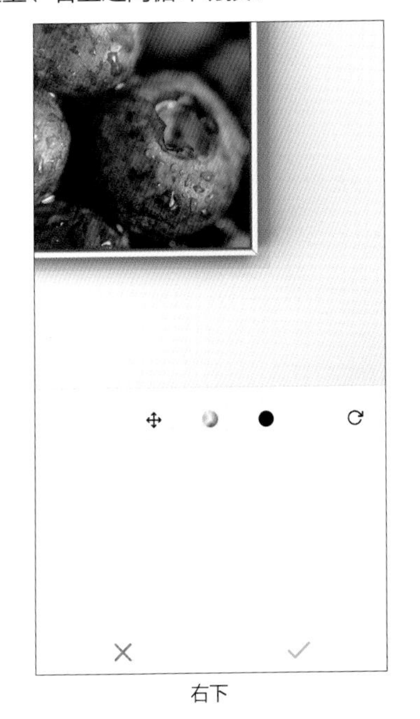

右下

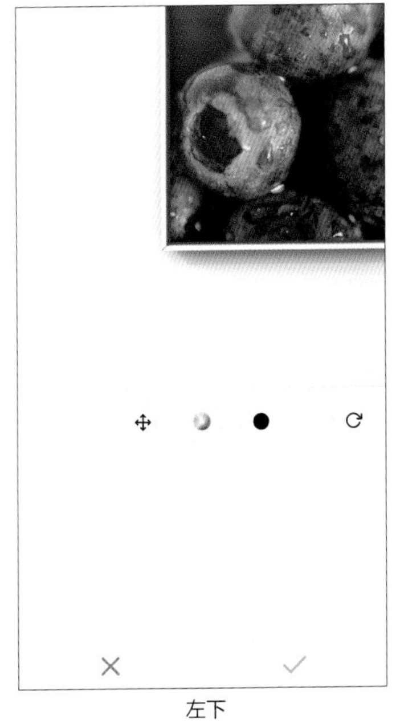

左下

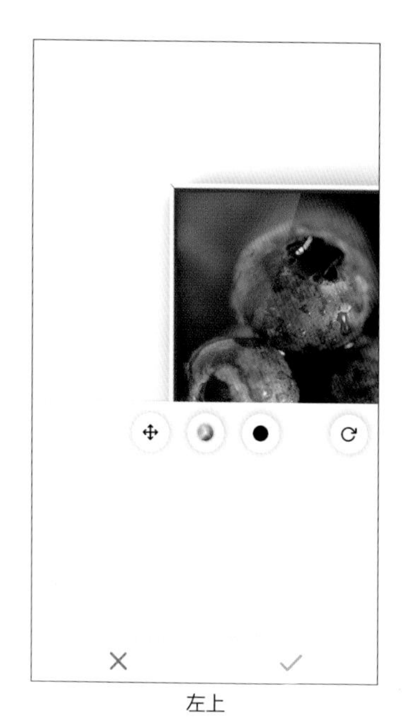

左上

右上

点击色环图标，可以选择签名的笔迹颜色。

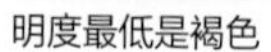

明度最低是褐色

明度最高是白色

明度不同，颜色深浅不同

点击·图标，可以选择3种不同粗细的签名笔迹。点击最右侧的↻图标，可以抹去签名重新再写。签名写好后，点击✓图标即可保存，点击✕图标即可取消。

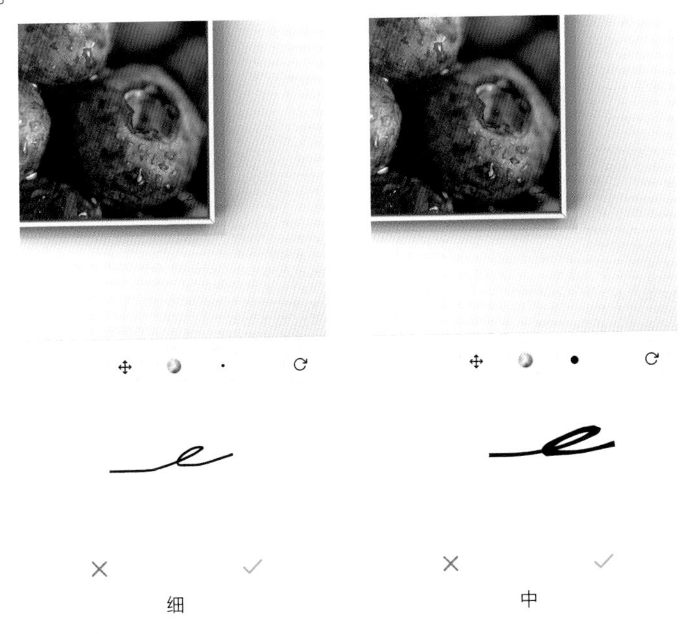

细　　　　中

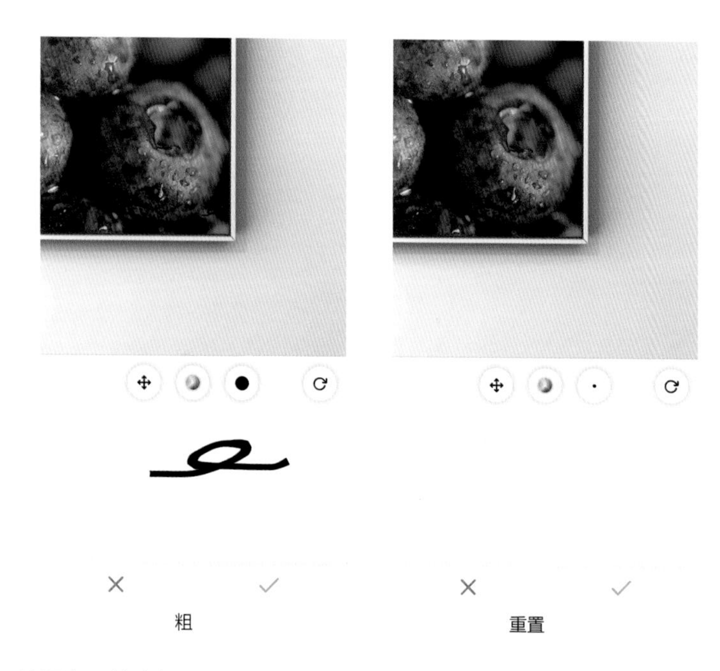

粗　　　　　重置

依照自己的喜好调整图片，点击右上角的绿色“保存”图标，进入保存界面，首先选择保存的尺寸“介质”，然后点击“保存到相机胶卷”按钮，等图标变成绿色“保存”时，照片保存完毕。

保存照片

第 4 章
蒙版的使用

4.1 强大的蒙版

4.1.1 什么是蒙版

蒙版是什么？定义其实很简单，蒙版就是指选区的外部被盖上的部分。大家都看到过在墙上喷写的标语广告，先在墙上贴上一张镂空的纸，纸的镂空部分就是文字，在纸上喷涂颜料后，撕下后会发现墙上出现的就是原来在纸上镂空的文字。镂空的纸就是蒙版，镂空的部分就是选区，设定好选区就可以使所有的操作仅在选区内进行。具体而言，运用蒙版修图可以做到想修改天空的颜色就只修改天空而不改变大地的颜色，想修改人群中女生的肤色就只修改女生而不改变旁边站着的男生。

蒙版是 Photoshop 中的功能，在大部分的手机后期修图软件中没有这一功能，目前只有 Snapseed 这个 App 中引入了蒙版的概念。在该软件中，蒙版不是独立存在的，不能直接使用，只有对照片进行调整、使用滤镜、双重曝光等操作之后才能使用蒙版工具。简单来说，就是先要对照片进行后期操作，然后才能使用蒙版工具。在 Snapseed 中的“组合画笔工具”和蒙版的作用是一样的。

蒙版的使用是本书的重点，之后章节的所有具体修图的操作中几乎每一步都可能使用到蒙版，而且在讲解中对蒙版的具体使用方法会一笔带过。所以，希望全面掌握手机修图技巧的读者一定要仔细阅读本章，并加以实践练习，熟练掌握蒙版的使用方法，然后再继续本书之后其他章节的学习。

4.1.2 局部调色

大家应该都看过电影《辛德勒名单》，那个身穿亮红色上衣的小姑娘，在周围衣着灰黑混乱的人群中十分醒目，始终吸引着人们的注意，那红色象征着生命。辛德勒看见她时，找回了自己的灵魂，决定在那个血雨腥风的年代里做一个正直的人。这部整体黑白影像的电影中唯一的红色也给观众带来了极强的视觉冲击。

案例解析 人物合影

看下面这张合影，几个年轻人刚刚在崂山完成了 100 千米越野跑，正在享受自由的休闲时光，虽然大家为拍出独特的照片努力摆出不同的姿态，但是看成片的效果还是有些普通。

摄影：王茜

受电影的启发，在此试着用蒙版制作出类似电影中的效果，你会发现照片中的红衣女孩牢牢抓住了大家的视线。照片整体调成黑白，而只留下了动作最显眼的那个女孩的红色衣裙，一方面她模仿奥特曼的动作活泼可爱，另一方面她裙子的颜色更鲜明。对照片做局部调整，这就是蒙版的功能。

4.1.3 背景虚化

现在很多手机有了三摄像头甚至四摄像头，这些镜头实现了以前手机摄影中无法呈现的景深，也就是大家常说的背景虚化。但即便对于单反相机来说，拍摄一张背景虚化得有层次、有韵味的照片也需要许多复杂条件，例如镜头光圈、镜头焦距的选择，背景的色彩和形状的要求。而现在利用手机后期处理就可以根据大家的需求自由调整，可以在调整的过程中选择虚化的范围、虚化的程度，甚至可以通过虚化把背景中煞风景的内容完全屏蔽掉。

案例解析 突出人物

下面这张照片的背景原本杂乱，但通过使用镜头模糊功能后，再用蒙版对背景由远及近地修改模糊程度，使照片整体突出了人物。

4.1.4 双重曝光

双重曝光在许多场合会用到，有的是为了呈现出一种梦幻的情景，有的是为了使照片更有趣，还有的就是为了弥补在拍摄过程中无法实现的遗憾。例如你要拍摄夜间行进的队伍，但图片中的一角总觉得空落落的，那么从另一幅图片中找一轮明月“挂上”就会好很多。

↘ 案例解析 增加特效

峰峦叠嶂的背景有些阴霾，为了适应这样的天气加上云海更能锦上添花。

↘ 案例解析 点缀风景

世界第一高峰的珠穆朗玛峰虽然雄伟壮丽，但从这张照片看还是显得有些呆板，如果近景的山坡上面能有个人站立在那儿遥望远山会不会更生动些呢？

4.2 自由调整

4.2.1 蒙版的作用

蒙版的用处有很多，例如，局部调整、合成照片、制作特效等，它最强大的地方在于局部处理非常便捷而且效果自然。这些都可以通过 Snapseed 来实现，在 Snapseed App 中实现蒙版功能的是“组合画笔工具”。

“组合画笔工具”是在调用某一工具或滤镜后施加在其上使之可以在图片的局部产生效果，同时不影响图片中的其他内容。以下几种工具或滤镜不适用于组合画笔：剪裁、旋转、变形、画笔、展开、姿态。除此之外，其他工具和滤镜都可以施加组合画笔，实现在图片局部进行后期编辑。在实际使用中，最常被施加“组合画笔工具”的主要包括调整图片、细节、白平衡、曲线的局部修图、调色、镜头模糊、黑白、双重曝光、文字等。

4.2.2 局部调整

调用“组合画笔工具”的前提是调用任何一个工具并做出调整。下面以一个简单的例子讲解如何通过调用“组合画笔工具”对一幅照片进行局部调整。

案例实战　逆光修复

在这张图片中，可以看到红场上的这座标志性教堂主体显得很暗。照片拍摄于傍晚，夕阳的余晖被西侧的另一个巨大建筑物遮挡住，我们需要给照片提亮。逆光拍摄同样会遇到背景曝光充分而主体较暗的问题。

打开 Snapseed，导入照片。首先，点击“工具”，点击“调整图片”，用手指向右滑动，将亮度调高使教堂主体建筑明亮，并点击✓图标确定。这时我们看到当教堂的亮度合适后，天空明显过曝，整个天空亮得失真，细节大量缺失。一般的调整都是针对图片整体做出来的，当把照片调亮就是照片整体所有部分都同时按照同样的标准调亮。这时问题就来了，我们遇到许多需要调整亮度的照片都是因为逆光或局部缺少光照而引起的过暗，那么一旦全局调亮必然会对原来曝光合适的部分产生过曝。如何做到只调整局部亮度，例如只要调整教堂主体的亮度而不影响到原本曝光合适的天空，点击图标，然后点击“查看修改内容”，点击“调整图片”上的左侧箭头，再点击图标。这就是“组合画笔工具”，接下来就是在整体图片进行亮度调整之后，通过运用“组合画笔工具”实现对图片的局部调整，以实现蒙版功能。

进入“组合画笔工具”页面，可以看到右上角有一个图标，按住可以与调整前的图像进行对比。该图标的作用很明确，就是为了让你看出调整前后的差别，通过比较就能知道是否满意，甚至据此找到可能不满意的地方。

页面底部的按键从左至右分别是取消、反选、减小、增大、用红色标注蒙版的范围及透明度、确定。

“取消”和“确定”图标是对做完调整操作后是否满意做决定，不满意点击“取消”图标回到修改之前的状态，满意点击“确定”图标保存此次调整操作。

“反选”是对蒙版的反向选择。当该图标是灰色时，图片目前状态是未修改，针对本例看到的就是没有做亮度调整前的状态；反之，当图标是蓝色时，看到的图片是全图做了亮度调整之后的状态。

“减小”和“增大”可调整画笔的不透明度，增加可至最大 100，减少能到最小 0，中间分别有 25、50、75，一共 5 档。

“用红色标注蒙版的范围及透明度”图标是灰色时，看不到画笔所调整过的部分以及画笔的不透明度；当图标是蓝色时，可以看到画笔调整过的部分被红色所标注，同时红色的深浅也分别区分了不透明度从 0、25、50、

75 至 100。

了解各个图标的功能后，下面介绍如何具体使用。

本例中“反选”图标为灰色的状态，也就是说我们看到的是在做亮度调整之前的状态。“取消”和“确定”图标间的数字目前为 100，我们现在做的操作就可以对图片进行亮度调整，调整的幅度就是 100%，等同于之前在“调整图片”中对亮度的调整。操作方法就是用手指在手机屏幕上涂抹需要调整亮度的部分，在调整过程中尽量将图片放至最大来调整边缘和细节部分，以免遗漏或影响到不希望调亮的部分。如果觉得在教堂主体亮度调整过程中有些部分不需要 100% 调亮，以更好地反映现实中的明暗关系，还可以通过“减小”和“增大”减少或增加画笔的不透明度。如不透明度调到 50，当你手指涂抹到的部分所提高的亮度就是 50%，等同于之前在“调整图片”中对亮度的调整。

“用红色标注蒙版的范围及透明度”图标可以灵活运用，时而点亮，时而收暗，交替使用。这样既可以在画笔无色时直观地看到调整过图片的真实状态，也可以利用画笔红色时来准确掌握调整的范围是否与预设调整的区域相同，是否完成或是否不慎超出。

如果使用“反选”图标对蒙版做反向选择，我们看到的就是全部被调亮后的图片。之后的调整步骤是使用“减小”图标设置不透明度为 0 后，涂抹屏幕不应该被调亮的部分。如果还有需要适当调亮的部分，就将不透明度调整到需要的数值进行操作，总之和前者未做反向选择前的操作方法是相反的。

本例中，我们只是简单将教堂主体及地面部分用手指进行了涂抹，并将图片放大后仔细涂抹了边缘部分，以保证不遗漏也不溢出，得到右图。

专家指点

蒙版是一个很抽象的概念，即使用了“组合画笔工具”的形式进行解释，其中关于不透明度的含义对于没有接触过Photoshop的人来说也可能是一头雾水。

自由调整是使用蒙版的核心目的。我们通过上例知道在进行图片后期处理时很多操作都不能针对全图。自由就是希望图片中的天空更蓝，就只去调整天空；希望图片中女孩的衣服更鲜艳，就只去调整女孩衣服的饱和度；希望人物变清晰而环境不变，就只去调整人物的细节。

蒙版（组合画笔工具）的使用就是用手指涂抹希望改变的地方，下面再举一个简单的例子，用更通俗的语言和简便的方法进一步介绍蒙版。学会和熟练使用蒙版是之后所有学习的前提。

案例实战　局部调色

打开 Snapseed，导入照片。我们看到照片有些暗淡，尤其是背景中本应该郁郁葱葱的植物显得没有生机。对于这类照片，可以通过增加饱和度的方式使图片颜色更加鲜艳。

点击“工具”，点击“调整图片”，用手指上下滑动屏幕，找到“饱和度”选项停下，再向右滑动增加图片的饱和度，直到觉得背景的色彩达到自己满意的状态。当然饱和度的增加也不是无限量的，过分加大饱和度会使图片颜色失真，甚至出现大块色斑，反而事倍功半。图片整体增加饱和度后，背景的绿色变得生机盎然，但人物的衣服颜色和真实情况出现了偏差，而且人物的脸色明显泛黄，这时就需要进行局部调整了。事实上，当我们做图片调整计划时，就应该想到每一步是该整体调整还是对画面的局部做出调整。对于经验不丰富的初学者来说，在进行整体调整而结果并不理想时，会发现某一步调整操作只应该针对图片的某一部分进行。这样“组合画笔工具”就派上用场了。

点击图标，然后点击“查看修改内容”，点击“调整图片”上的左侧箭头，再点击“组合画笔工具”图标。

调出“组合画笔工具”后，在“组合画笔工具”页面下，看到“反选”图标为灰色，图片没有做过任何更改，那么所有的更改需要手动完成，我们只要在需要增加饱和度的部分用手指涂抹就可以了。刚才我们看出人物部分是不需要调整饱和度的，因为过分的调整使人物的脸色变黄而不真实，需要调整的部

分主要是背景的绿色植物。用手指在背景的绿色植物上涂抹使其变成红色。为了看清这样的调整是不是符合我们的期望，点击“用红色标注蒙版的范围及透明度”图标就可以去掉红色，直观地看到最终调整的结果。如果觉得饱和度过高，还可以通过“减小”和“增大”图标调整不透明度，再次涂抹希望更改的部分，这样就完成了局部调整目的。想用不同的不透明度（也就是在调整图片环节设定的饱和度增加数值的百分比）调整不同的部分，就先改变不透明度的数值，然后再涂抹想调整的部分。

点击“确定”图标查看结果是否满意，然后点击“导出”图标输出图片。

案例实战 局部彩色

前面讲过可以对某些图片进行局部色彩的处理。下面介绍具体的操作步骤。

打开 Snapseed，导入一张彩色照片。首先，点击“工具”，点击“黑白”，然后点击“确定”图标确定。可以看到在“黑白”调整页面下有一些预设的滤镜，每个滤镜也都有“亮度”“对比度”和“粒度”3 个选项可以进一步调整。为了着重讲解蒙版的使用，在此不再赘述，大家可以自己尝试调整看下有什么区别。这里直接选用了默认的“中性”滤镜。

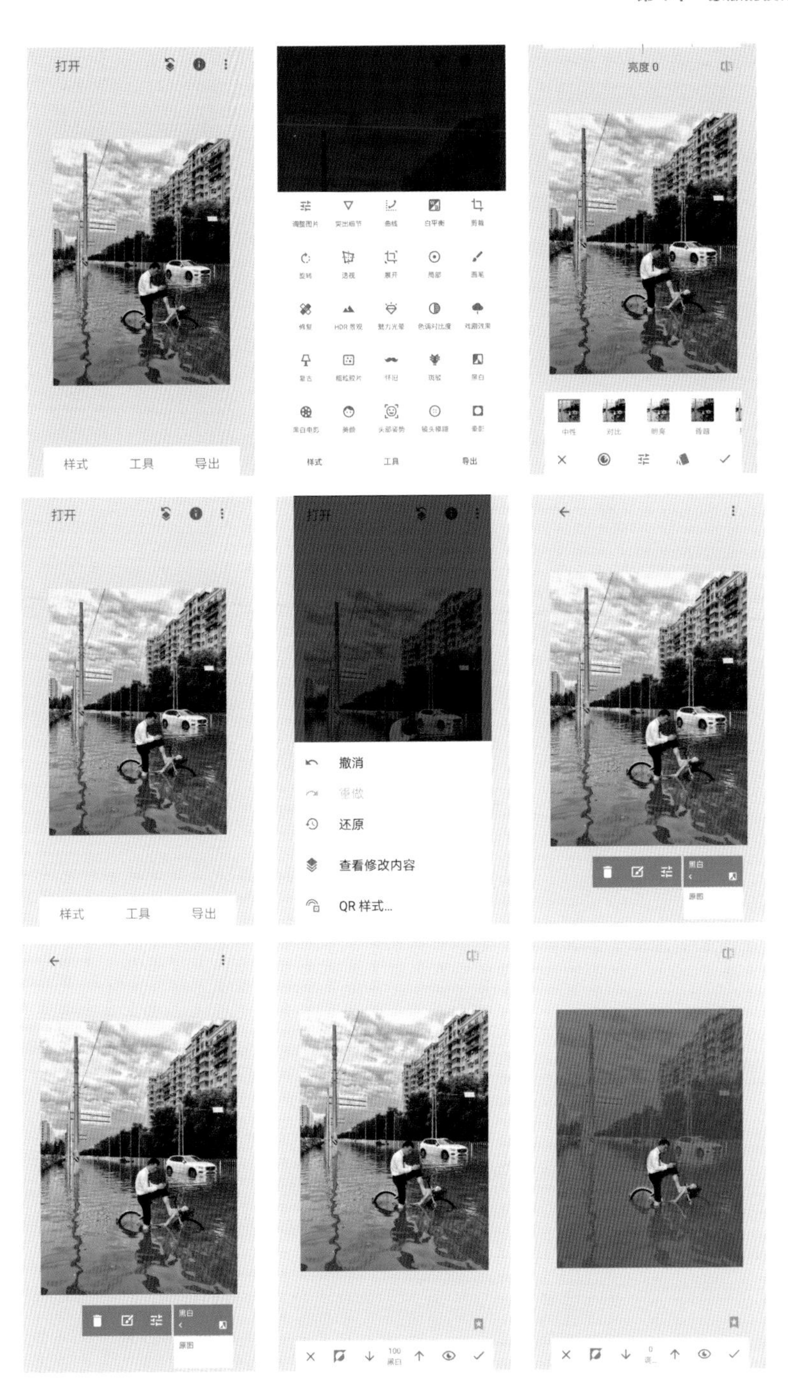
打开
样式
工具
导出
亮度 0
撤消
重做
还原
查看修改内容
QR 样式...

此时照片已经变成黑白效果，可以将局部主体恢复为彩色。照片上最突出的就是在雨中还在回复工作信息的年轻男子，当然他也许是在深情凝视女友对他的关心。

点击图标，然后点击“查看修改内容”，点击“调整图片”上的左侧箭头，再点击“组合画笔工具”图标，此时“反选”图标是蓝色的，图片已经调整成黑白状态。这时我们看到的状况和之前学过的有一点差别，图片已经使用了之前“调整图片”做出的调整，而接下来需要做的是涂抹出不需要修改的部分。不希望修改骑自行车的年轻男子，那么就将不透明度调整成0，放大图片仔细涂抹年轻男子和他的自行车。需注意的是，因为手指太粗，自行车的黄色部分很狭窄，一定要把图片放大后小心涂抹，直到露出现在的样子，点击“确定”图标，并导出图片。

4.2.3　应用双重曝光

双重曝光就是把两张照片叠加在一起，同时能显示出两张照片中想保留的内容。

案例实战　添枝加叶

城市的灯光随着夜色的降临愈加亮了，尤其是围绕在河岸的那一片，从半空倒映在幽蓝的水面上，随着波浪晃动着、闪烁着，像一串流动着的珍珠，和斜挂在暮霭里的满月对视着、诉说着。照片往往也能带给人诗一样的意境，可是打开图片发现没有月亮怎么办？

没有月亮我们就自己创造一个。点击“工具”，点击“双重曝光”，在“双重曝光”页面下可以看到有 5 个图标，从左至右分别是取消、导入、样式选择、不透明度、确定。点击“导入”图标导入一张有月亮的照片，这时可以看清导入的照片，同时也能看到先前的照片。新导入的照片盖在旧照片上，却没有完全遮挡住旧照片，是因为系统默认的不透明度不是 100%，也就是说被导入的这张照片是半透明的，可以透过新导入的照片看到下面的旧照片。

月亮太大了，完全不成比例。用两只手指开合缩小月亮，并将其按住拖到适合的位置。样式不用选择。之后点击“不透明度”图标来调整不透明度，用手指左右滑动将不透明度调整至月亮依稀可见的状态，点击“确定”按钮确认。

下面继续使用“组合画笔工具”进行局部调整。点击图标，然后点击“查看修改内容”，点击“调整图片”上的左侧箭头，再点击“组合画笔工具”图标。

在“组合画笔工具”页面中，“反选”图标为蓝色，说明之前的操作完全可见，月亮的照片已经覆盖在原照片上了。原照片被覆盖后明显变暗，这是月亮照片中的黑色背景造成的。用“减小”图标将不透明度设置为 0，然后在图片上进行涂抹，抹去除月亮外的所有信息，点击“确定”按钮确认，导出图片。

案例实战　抠图

抠图就是将一张图中的一部分内容单独提取出来。学会了抠图能做很多事情，例如可以把想要的内容嫁接到其他照片里，也可以把不需要的内容从原图中清除。下面介绍用双重曝光结合蒙版进行抠图的方法。

打开照片，可以把不喜欢的照片背景全部抹去。

点击“工具”，点击“双重曝光”，在“双重曝光”页面下点击“导入”图标导入一张纯黑的图片。

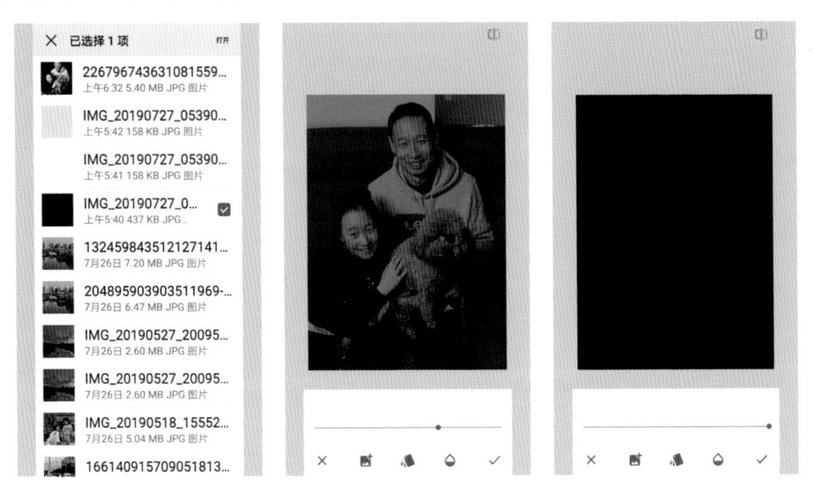

点击“不透明度”图标将不透明度调至100，这时新导入的黑色图片完全不透明，也就完全遮挡住了原来的图片，点击“确定”图标。点击图标，然后点击“查看修改内容”，点击“调整图片”上的左侧箭头，再点击“组合画笔工具”图标。

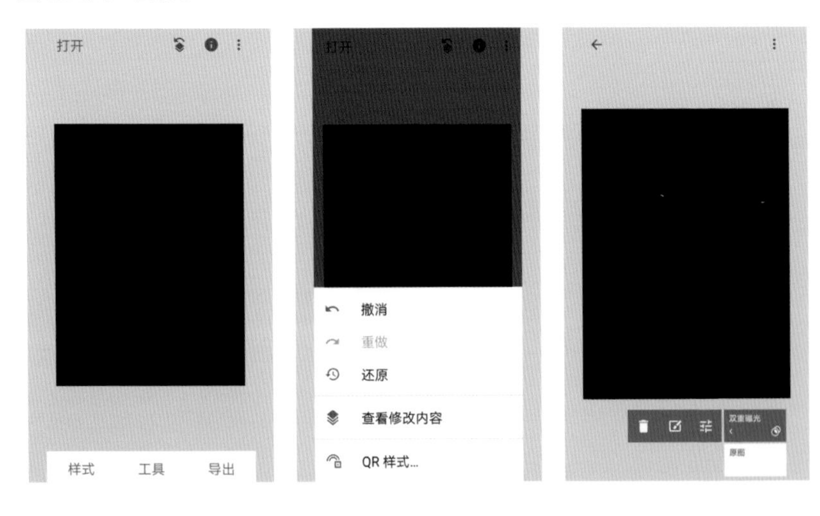

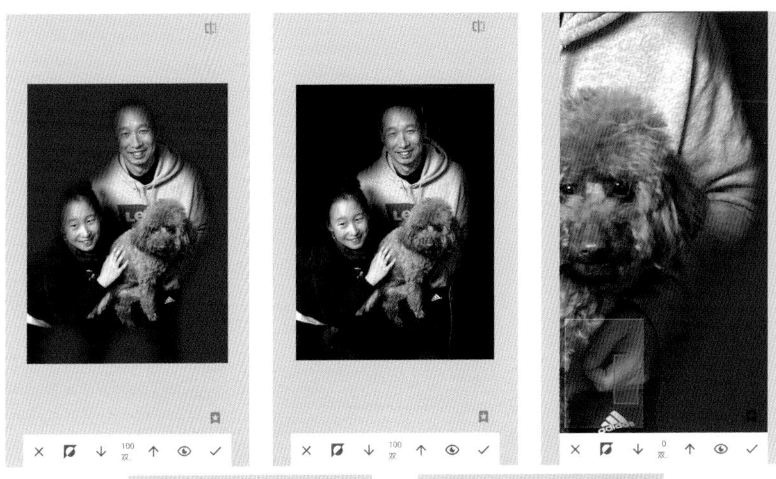

在“组合画笔工具”页面下“反选”图标为灰色，覆盖在原图上的黑色图片没有呈现出来，需要我们用手指涂抹需要的部分调出黑色。在此希望清除背景，在除人物之外的所有背景部分涂抹。

在做了初步涂抹之后，点击“确定”图标查看效果，发现还有一些边缘部分没有被涂抹到。用两只手指放大照片至最大，并开始对边缘和细节部分进行涂抹。

在涂抹过程中，当发现人物有些本来不想被清除掉的部分也不小心被黑色图片覆盖时，通过“不透明度”图标将不透明度调整至 0，再涂抹不小心被黑色盖住的部分使其恢复。

再点击“确定”图标查看效果，全都涂抹覆盖到后，点击“确定”图标确认，导出图片。

adidas

第 5 章 手机修图步骤

5.1 修图步骤

修图的工具很多，本章主要使用 Snapseed 来讲解，这是一款非常强大的主流软件，它有其他 App 没有的蒙版（组合画笔工具）功能，该功能把你的手机后期修图带到了一个自由的天地。有了蒙版，你就可以想修改哪儿就修改哪儿，不需要一键修图，不需要一键调整所有颜色的饱和度、一键改变全图的亮度、一键把需要的和不需要的细节都进行锐化。在之后的章节所提及的诸如修改前景锐度、调整人物肤色、改变阴影部分曝光等都是基于蒙版进行的局部修图，并且不做进一步解释和分解操作，建议还没有熟练掌握蒙版知识的读者返回第 4 章重新学习。在没有标注使用软件名称的部分都默认使用 Snapseed，下一章会单独用一小节讲解 VSCO，并将其作为对 Snapseed 在风格调色方面的补充。VSCO 在滤镜方面的优势是大多数软件无法企及的，它拥有数百种滤镜供用户选择。用户可以通过这些滤镜更便捷地建立不同的色彩风格，当然众多的滤镜也会让人目不暇接、无所适从，这就需要用户在本书的引导下不断开发、不断尝试。

Snapseed 中的工具很多，归类的方法也很多，为了使大家更好地掌握修图的方法，在此按照修图的一般步骤进行分类。按这个步骤学习，大家就会在拿到一张照片后知道如何下手，并按照合理的步骤实现自己的后期处理意图。各个工具的功能和使用方法已经在第 2 章详细讲述，在此不再赘述，如果还有疑问请立即重新学习第 2 章，或者在本章的学习中随时查阅第 2 章。

修图和化妆一样。化妆大致有一个完整流程，但每个人的重点不一样，区别就在于每个人长得不一样。化妆的目的在于：把不好看的部分变好看；把瑕疵掩盖住；建立自己的妆面色彩风格。摄影的后期处理目的与此大同小异，所以我们在拿到一张图片时做的第一件事情就是找问题，你觉得什么地方不满意就修改什么地方。而找问题会大致围绕着以下几个方面：构图、影调、色调、微小瑕疵、锐度、色彩风格。按照这个顺序先找到问题，然后就可以逐一解决问题。

什么是有问题的照片，而什么又是天然定义的好照片？有如下两类好照片的判断方法。

(1) 大家都觉得好的照片是好照片，你如果希望自己的照片得到别人的赞同就需要学习，这样才能掌握大众审美习惯和基本美学知识，拍出别人觉得好的作品。

(2) 自己觉得好的照片，自己的感觉来源于自己的原始审美、生活经历、审美经历、审美学习等，你可以完全遵从自己的内心，也许这同时也符合大众审美需求。

5.2 二次构图

对于一个专业摄影师来说，构图的完成是在按下快门之前。因为快门一旦按下，照片就已经形成了完整的视觉呈现，并且固化了透视效果。后期的任何改变都会对已经形成的透视效果造成破坏而导致一定程度上的视觉失真，同时也会丢失原本希望呈现出的真实和部分信息。但对于大多数初学者甚至是资深摄影爱好者都无法做到在按下快门之前清晰完成构图，即便是想好了构图也可能因为种种原因无法在取景框中实现，例如位置的局限、环境的局限、持机能力的局限等。这样我们的照片或多或少都会存在构图上的问题，这就需要我们拿到照片之后找出构图的问题，并通过修图软件进行“二次构图”。

我们这里讲的构图大致会根据大众审美来界定好坏，也就是说按照基本的构图理念最终可以得到一张中规中矩的照片。那么一些基本的构图技巧对于初学者还是有必要了解一下。

(1) 黄金分割。把作品分成九宫格，上、下部分内容的分布以三分之一和三分之二区分，左、右分布的图片也是同一个道理。

(2) 视觉的中心放在九宫格中的 4 个点。

(3) 对称的目标放在图像的中间，视情况可在下部三分之二处或上、下留出不超过三分之一，左、右非主体部分加起来大致是三分之二。

(4) 如果有明显的水平或垂直线，一定让其尽量保持水平或垂直，如水平面、地平面的水平，建筑物、树木的垂直等。

(5) 人物视觉方向留出的部分大于反方向。

(6) 尽量保证真实的视觉透视关系。

(7) 图片中尽量要有一个而不是多个突出的视觉重心。

(8) 两个中心一般是要存在对比关系，如明暗对比、主次对比、远近对比、色彩对比等。

上述这些基本构图小知识只是让你的图片符合普通大众审美，学会了就基本能修出不难看的片子，但并不能成为大师，成为大师还需要更多的创意和艺术表达，这不是本书的重点。当然如果连基本功都没有也就完全不可能成为大师，让我们从一点一滴学起，逐步积累吧！摄影以及后期处理没有捷径，多拍、多看、多实践。

在 Snapseed 中调整构图的工具有：剪裁、旋转、透视、展开。

5.2.1 剪裁

案例实战 黄金分割构图

“剪裁”是最常用的工具之一。导入图片，我们发现这张图片就是严格遵守了将建筑物拍得垂直和将水平线拍得水平这一基本原则，但是为了满足上述条件不可避免地要调整持机的角度到一个基本限定的位置，就无法同时满足图片画面的黄金分割要求。这张图片水平线以上部分大大超过了三分之一，下面就对其进行相应调整以达到黄金分割效果。

点击“工具”，点击“剪裁”。在“剪裁”菜单中有多种剪裁比例的设置，其中包括自由剪裁，在此项下可以随意调整长度和宽度且没有比例限制，其他选项都有相应比例限制，例如，“原图”就是无论如何调整都不改变原来的长宽比例，DIN 模式就是符合打印机输出的一种比例等。

用手指拖动剪裁边框中的任意一个边或者角都可以做出调整，最终留在合适的位置就可以，我们把这张照片的水平线留在了上三分之一处，让其视觉效果显得更加稳重。

专家指点

再看下本片构图中的亮点，我们试想一下如果本片中左下角没有了这只小船会如何，如果小船的行驶方向不是斜向着右上方又会如何？

显然没有了小船的构图会出现一点不平衡的感觉，而且没有了小船的点缀还显得不够生动，缺少灵气。如果小船的方向没有驶向右上角，那么画面的主要部分就远离了视觉方向，会显得不符合大家的看图习惯。当然规则不是一定要遵守的，例如下图中人的视觉方向就背离了图像的主体，但却很好地烘托出了人物的性格和状态。照片清楚地把一个故事呈现出来，刻画出一个栩栩如生的人物，仿佛他就坐在身旁。照片的构图原本不需要有任何定式，定式只是为了迎合大多数人的审美偏好，评价好的照片只有一个标准就是能够被打动。

摄影：黄恒

5.2.2 旋转

“旋转”工具最主要的作用就是把该垂直的建筑物调整到垂直状态，把本应水平的地平线调整到水平状态。

案例实战 校正倾斜

导入一张图片，发现照片中的建筑物是歪的，可以将其扶正。

点击“工具”，点击“旋转”。在其页面中从左至右有 4 个图标：取消、镜像、逆时针旋转 90°、确定。而页面的上方显示了校直的角度，负数为顺时针旋转照片，正数为逆时针旋转照片。点击“镜像”图标可以得到如同照镜子得出的图像。使用这个功能可以修正从镜子里拍到的景物，也可以故意做成和真实相悖的有趣影像。点击“逆时针旋转 90°”图标做 90° 旋转可以用各种角度观察照片，也许得到的效果会超出想象。软件本身有自动校正的功能，自动校正一般会通过分析照片中的物体和线条来决定校直角度。当然如果画面复杂，分析的结果还可能出错，这样就需要手动校直。自动校直后，我们还可以再次按动旋转键做进一步自动校直，软件有时还能再次修正。手动校直的方法也很简单，用手指拖动照片转动即可，转动时参照页面提供的垂直、水平基线找到合适的位置点击“确定”图标。

导出图片后，我们发现垂直还是要好看很多，但是仔细观察右侧边缘会发现透视效果还是有些小瑕疵，这印证了前面讲到的按动快门前要做好构图的必要性。二次构图可以通过后期处理进行一定的弥补，但总不会比一次构图成像所得到的效果更好，再次建议大家不要依赖于在后期对图片做过多的调整。后期处理可以锦上添花，但不能雪中送炭，真正失败的作品谁都无能为力。努力学习后期处理技术，不断增强艺术修养，会发现这确实是一件很有意思的事情，是一个可以真正再创作的过程，是一个用技术绘画的过程。

5.2.3 透视（视角）

当因为距离拍摄对象过近或使用广角镜头产生镜头畸变时，可以使用“透视（视角）”工具进行修正变形。当希望得到夸张的视觉效果时，也可以使用该工具制造变形，以得到意想不到的创意。

案例实战 校正变形

该图片拍摄的是叶卡捷林娜宫的天花板，宫殿富丽堂皇。但作为一个敬业的摄影师也很难做到在熙熙攘攘的人群中躺在地上拍摄，尤其是在参观不能过长时间停留的景点。相机平行于被拍摄对象平面，并居中拍摄，就可以拍摄出不变形的画面，但这很难做到，有时是环境的限制，有时也因拍摄者持机能力的不足。想留下这独特的壁画纹饰，又迫于各种限制，拍摄结果可想而知。

打开 Snapseed，导入图片，点击“工具”，点击“视角”，在“视角”工具菜单最下排有 5 个图标：取消、校正透视、填色、自动调整、确定。“校正透视”菜单下有 4 个选项：倾斜、旋转、缩放、自由。“填色”菜单中有 3 个选项：智能填色、白色、黑色。3 种填色选择为变形后图片缺失的部分自动补上不同的颜色。在此我们选用“倾斜”，点击“自动调整”图标，神奇的事情发生了，一张倾斜变形的照片就像被魔法棒点过一样变成了规规矩矩的一幅图画。“自动调整”图标就是魔法棒的样子。接下来使用“剪裁”工具修正边框，再用一次“旋转”工具自动校直。确认后导出图片。

但是最后发现照片上沿的边框在修正过程中丢失了，这就是之前讲的二次构图可能丢失图片信息。接下来使用“展开”工具将图像的上部加长，再使用“双重曝光”加入之前保存好的这张图片（提前旋转 180° ），将其边框添加到图片缺失的上沿边框部分并完成全部操作。“展开”工具可以将图片的 4 个边分别或同时拓展得到更多面积，拓展的部分可选择智能填色、白色或者黑色。展开的目的一方面是将原图变大，为更多操作提供方便，一方面也可以做出创造性的修图。

案例实战 自由变形

对于一些照片，通过简单的“旋转”工具来改变构图中的不平衡感或透视错误还是会显得力不从心。使用“透视”工具中的“自由”工具在处理这些问题时往往会更加得心应手。

导入图片后发现建筑物本身是垂直的，但是左侧边上的低矮房屋因为镜头畸变产生了一定的变形，这种情况通过“旋转”工具是无法修正的。我们尝试用其他工具进行调整。

点击“工具”，点击“透视”，在“样式”菜单下选择“自由”工具。“自由”工具可以随意调整图片的形态。可以用手指拖动各个点来改变建筑物的形状，当然在调整中也要观察其他不需要调整部分的变化，尽量不要影响到建筑物的主体。如果不可避免地影响到其他部分，再在相对应的反方向进行适当调整以期平衡。

调整完毕后确定保存，再次使用“旋转”工具做一次自动微调，保证建筑物主体的垂直。

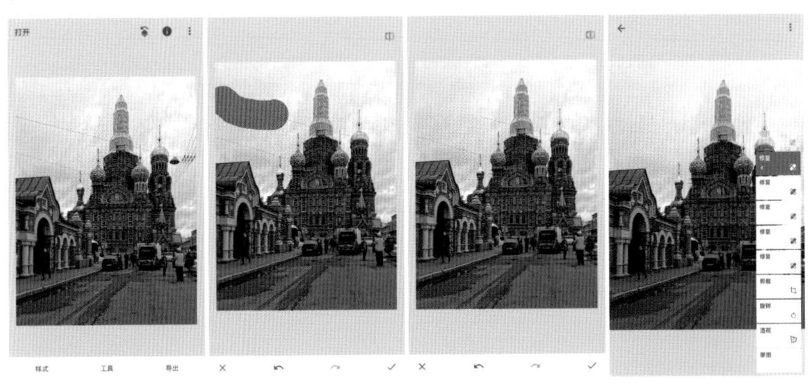

这时调整已经基本完成，但是错综复杂的电线贯穿画面使整体感觉欠佳。点击“工具”，点击“修复”，用手指仔细涂抹电线来擦除这些不和谐的部分。在修复过程中一定要注意尽量把图像放大，仔细涂抹，不要接触到不该被擦除的部分。对于直线，可以用手指划出直线直接抹除；对于细小瑕疵，则用手指轻点消除；对于接近主体的大块瑕疵，如图中的悬挂路灯则需要放大后一点一点从周边逐步抹除。在“修复”工具的使用中，耐心细致是成功的唯一途径。

最后再看一下全部的工具使用情况，检查一下全图是否还有瑕疵，最后导出照片。

5.2.4　展开

“展开”工具更多使用在创意图像中。导入一张图片，发现上半部分留白比较多，整体结构也没有特点。下面试试做些改变。

案例实战　增大画幅

点击“工具”，点击“展开”。在“展开”菜单中选择“智能填色”，用手指按住图像上沿边框向上拉伸，可以发现图像上部拉长，而拉长的部分被智能填补上了蓝天的颜色。点击“确定”图标保存。

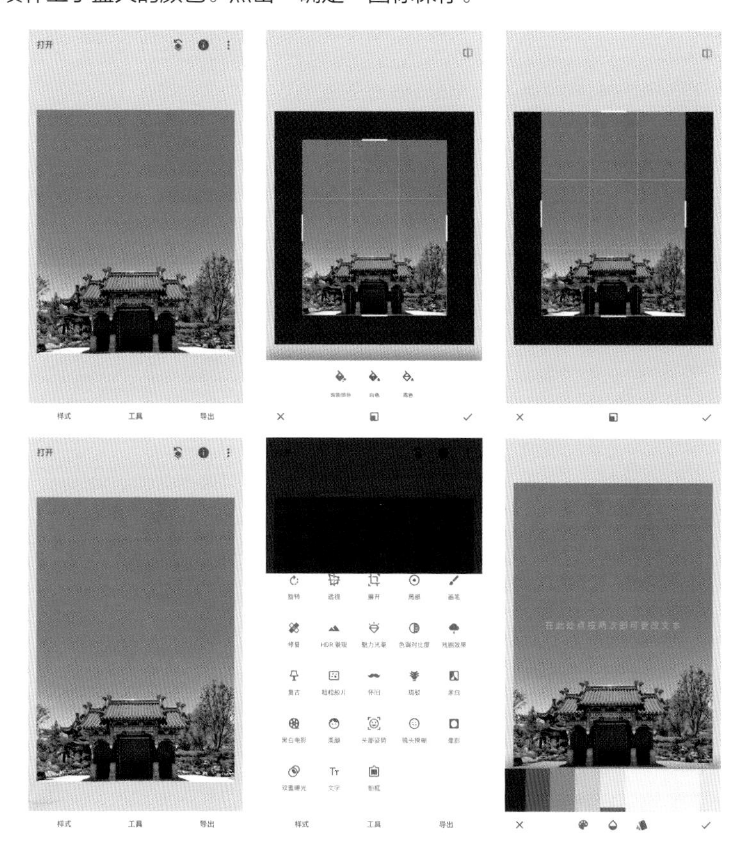

这时做一个简单的创意，在图片的上部添加 HAPPY NEW YEAR 文字。另外再推荐两款 App：PHONTO、黄油相机，这两款软件添加文字效果会更好一些，具体的操作方式也大同小异。但总体来说各个软件的中文字体都不丰富，便捷度远不如 Photoshop。

点击“工具”，点击“文字”。在“文字”菜单下有 5 个图标：取消、颜色、不透明度、样式、确定。顾名思义，颜色就是选择文字的颜色，不透明度与蒙版中的相应概念一致，样式就是文字的不同字体和风格，取消就是放弃操作，确定就是保存操作。

按照要求双击页面指定位置后，输入事先想好的文字，确定后用一只手指拖动文字到希望放置的地方，也可以用两只手指放大、缩小文字或者旋转文字。这时还可以重新改变颜色和不透明度以及字体风格，直至效果满意后确定保存并导出图片。

专家指点

构图也不仅仅是为了弥补前期拍摄中的不足，不同的构图会表达出不同的含义。以下3幅照片源于一个场景，但构图不同所表达的内容也就大相径庭。一图在说“事”，讲的是火车车厢里的故事；二图在讲“人”，描绘了一位陶醉拉琴的二胡演奏家；三图则是传递“魂”，画面只有一双手和光影下的琴弦，读到的却是自己的心绪。

构图调整的方法基本讲完了。因为本书主要目的是帮助大家掌握软件的正确使用方法，所以摄影构图并没有详细阐述，希望大家通过多看名家作品，多读一些摄影基本知识的书籍以及多加练习来掌握。如果没有构图的思路和正确方法，那么构图调整就成了无米之炊。

5.3 影调调整

5.3.1 照片的影调

摄影这种利用光影变化而构成的画面具有一种音乐般的视觉上的节奏与韵律，这就是影调。影调是造型处理、画面构图、烘托气氛、表达情感的重要表现手段。由于影调的亮暗和反差的不同，摄影画面以亮暗分为亮调、暗调和中间调；以反差分为硬调、软调和中间调。影调是物体结构、色彩、光线效果的客观再现，也是摄影师创作意图、表现手段运用的结果，光线构成、拍摄角度、取景范围的选择，都直接影响影调的构成。

从大调性来说，高调的作品都能传递给人一种高雅、纯洁、天真、美好、阳光的感觉；中调的作品传递给人较为柔和、唯美、舒适、细腻的感觉；而低调的作品会传递给人神秘、恐怖、深沉、大气、凝练等感觉。用影调来分析黑白照片更为容易理解，而事实上在彩色照片中的影调一样起着相同的作用。

影调涵盖了所有照片，所以没有哪个是对的或错的，只有适合的或不适合的。艺术的表达有两种方式：一是你想表达给别人，让别人知道你的想法；一是纯粹自我内心的表达，表达的方法是自己认为最能反映真实的手段，并不关心别人如何理解。第一种表达方式就需要作者去迁就观众的理解能力和审美认知，否则就会词不达意。但无论是哪一种，只要是能被称为高水平的艺术就需要有完整的表达体系，才可能最终被外界所认知和认可。例如梵·高、毕加索的作品早期都不被别人认可，因为绝大多数人看不懂他们所表达的内容，也没有权威人士为公众解释他们的表达体系。但最终会被认可还是因为他们有完整的表达体系，同时有一个外力协助给公众解释。所以，无论你如何涂鸦涂得像极了毕加索的作品也只是涂鸦。无论是学习别人的还是建立自己的表达体系都是可以的，而没有表达则不行。事实上，许多大师在建立自己的表达体系之前也会尽量学习并熟练掌握当时被社会大多数人理解的表达体系，而逐渐形成自己与众不同甚至是独一无二的艺术。

5.3.2　调整影调的方法

影调的调整最主要的方法就是通过亮度、对比度的变化而进行，把亮度调高可能得到的就是高调作品，反之就是低调作品，把反差拉大就是硬调，反之就是软调。在 Snapseed 中，我们最常用到的是“调整图片”工具中的“亮度”“对比度”“氛围”“高光”“阴影”，以及“曲线”工具、“局部”工具、“画笔”工具和“色调对比度”工具。

在审视一幅图片时，首先要看想表达什么，知道自己想表达的内涵，再去看照片是否已经准确传达出了这些信息或者是否有与想表达相悖的地方，如果有就需要进行影调的调整。

案例实战　亮调照片处理

皑皑白雪已经覆盖了整个山峰，从雪面上反射的光甚至有些刺眼，教堂在山间巍然耸立。但照片拍出来总让人觉得有些灰暗，并没有把雪的白准确地描述出来。

点击“工具”，点击“调整图片”。在“调整图片”工具下有亮度、对比度、饱和度、氛围、高光、阴影、暖色调。本节所用到的大部分调整手段都在其中，各项的功能和特点在第 2 章都做了详细描述。“高光”是只调整高光部分的亮度，而“阴影”是只调整阴影部分的亮度，两个一起操作可以起到和使用“对比度”调整相应的作用。不同的是“对比度”调整是按照已经预设好的调整方式和亮部及暗部增减比例，而通过“高光”和“阴影”分别调整可以获得与众不同的对比效果。“氛围”基本上是调整照片的明暗对比，提高暗部细节，同时也增加了画面的清晰度，来平衡整张照片的光比，使画面看起来更自然通透。

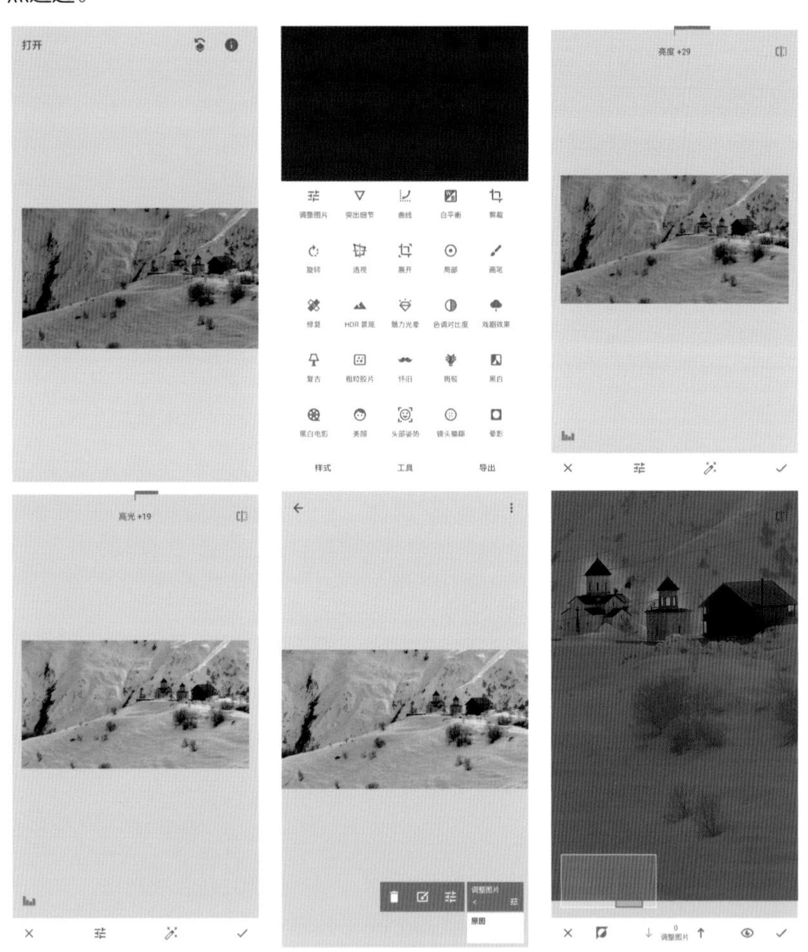

在此没有使用“高光”单独调整雪面部分的亮度，而是使用“亮度”对整体做了全面提亮，目的是不希望散落在雪面上的岩石、灌木等暗部元素过暗形成死黑使画面显得不整洁。同时，我们当然也希望教堂的影调保持原来的样子，从而可以和洁白的雪面形成较大的对比，接着就使用了第 4 章着重讲解的蒙版把在教堂上的“亮度”调整擦去。本书用一章的篇幅来讲解蒙版，就是让大家在之后所有的操作中都能够自由自在，做到指哪儿打哪儿，随心所欲地用手机创作。

这里没有讲解怎么把照片修成与几种影调相对应的哪一种，因为做到一一对应并没有任何必要，大家所要做的就是把照片调成自己想要的样子，审美的学习也不是通过把影调分类以及它最可能反映什么状态都死记硬背下来就可以提高，更多的是多看、多实践。看既包括看优秀作品也包括看美学评述，实践既包括多拍片子也包括多进行后期调整的练习。后期调整是一个二次创作的过程，你可以把按下快门前的创作中留下的遗憾通过后期制作予以弥补，也可以天马行空进行新的创作。

↘ 案例实战　暗调照片处理

下面这张照片的作者是沈瑞雪，她在西藏拍摄了一张我在援藏期间和西藏自治区山村学校小朋友的合影，获得了中华全国律师协会摄影大赛的一等奖。赴京领奖期间，我请她在北京东三环最老的一家店吃了日本料理，她在我翻看她摄影作品的时候按下了快门。

照片一次成像的效果还挺好，应该是拍摄时加了滤镜形成目前的朦胧效果，很文艺。虽然朦胧，人物手中的单反相机依然细节清晰，成为这张图片视觉的焦点，同时又能衬托出专注的神情。这次换一个方式调整照片，试着调出不一样的影像风格，例如老照片。

导入照片后，点击“工具”，点击“调整图片”，在菜单中找到“阴影”降低暗部的亮度，再找到“高光”大幅加大亮部的亮度。这样我们得到了一张高对比度的照片，大幅度地对高光加亮使作为照片视觉焦点的单反相机也突显出金属光泽，更加吸引眼球。

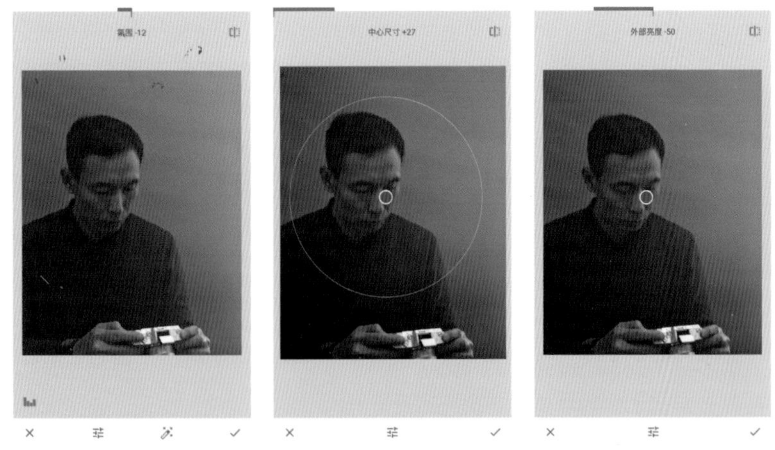

接下来再用“氛围”对照片整体进行调整，稍微加一点暗部自身的对比度，然后点击“确定”图标保存。

为配合原片的胶片颗粒感，给照片加暗角是常规操作，使其更有老照片的感觉。点击“工具”，点击“晕影”。在“晕影”菜单下，可以用两只手指开合在屏幕上缩小或放大晕影中心部分的尺寸，还可以单只手指上下滑动屏幕拉出可以调整“外部亮度”和“内部亮度”的菜单，对晕影圈内、外部分的亮度进行调整。将“外部亮度”设置为 -50，得到暗角后确定保存。

发现背景有点显脏，可能是墙的斑驳，也可能是多次调整造成的明显色阶断层。对于这种情况，可以用“局部”工具对照片的局部“结构”做一定调整，通过减少“结构”数值来降低锐度以使背景显得更平滑。

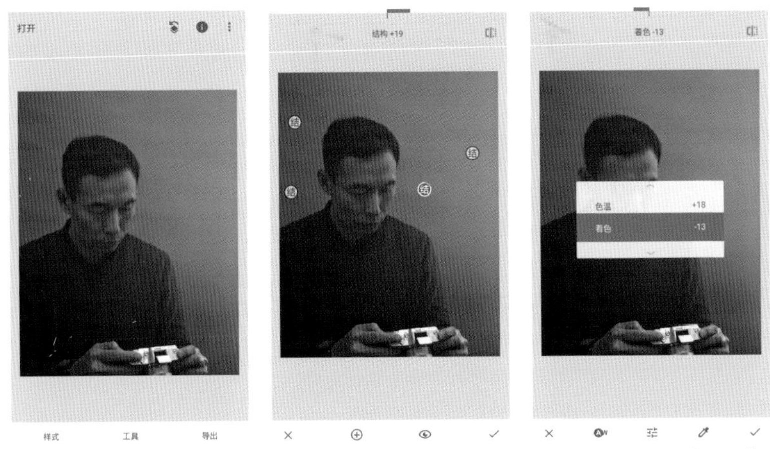

这时再简单给照片上个更老旧的颜色，使其更有民国味道，点击“工具”，点击“白平衡”，在其菜单下找到“色温”和“着色”，加一点色温使其更暖，着色向绿的方向拖动一些，就得到了最终满意的色调，点击“确定”图标保存并导出图片。

顺便说说沈瑞雪的这幅获奖作品，这幅作品曾在《中国律师》《山野》《昌平报》上多次刊登，一方面是源于作品的内容特点，它聚焦了一个放弃大城市安逸生活来到西藏边陲小城做志愿法律服务的律师，所以备受关注。另一方面从影像风格上看，这幅作品在影调上也通过明暗对比准确地把雪域高原上的通透明亮描绘了出来，对比度的调整给画面增色不少。

专家指点

色调对比度的调整使对比度调整更加精细化，其重点不在高光和暗部之间的对比度，而在亮部自身范围内的对比度、暗部自身范围内的对比度或中间调的对比度。这样使对比度的调整可以更加有的放矢。刚才使用到的“局部”工具也有调整对比度的功能，而且可以做到更加精细，甚至可以做到单独调整某一局部的对比度。组合使用这 4 种工具会得到很多不同的影调风格，使后期处理存在无穷的发挥空间，能得到无数种可能性，同时得到的乐趣也会很多。总结如下：(1)“对比度”以统一的线性标准用于调整全局的对比度；(2)“高光”和“阴影”一起使用可以搭配出无数种对比度调整的组合；(3)“色调对比度”可以做到分别调整亮部、暗部和中间部的对比度；(4)“局部”可以更细致到只调整一处或几处任意小范围的对比度。

案例实战 色调对比度

库拉河东西横贯格鲁吉亚，蜿蜒 1000 余千米穿过第比利斯，和平之桥就横亘在这个年轻国度的母亲河上，看着远处连绵起伏的高加索山脉。早晨的阳光倾洒在水波上，波纹中倒映着这座现代化的桥梁，与古城遥相呼应。

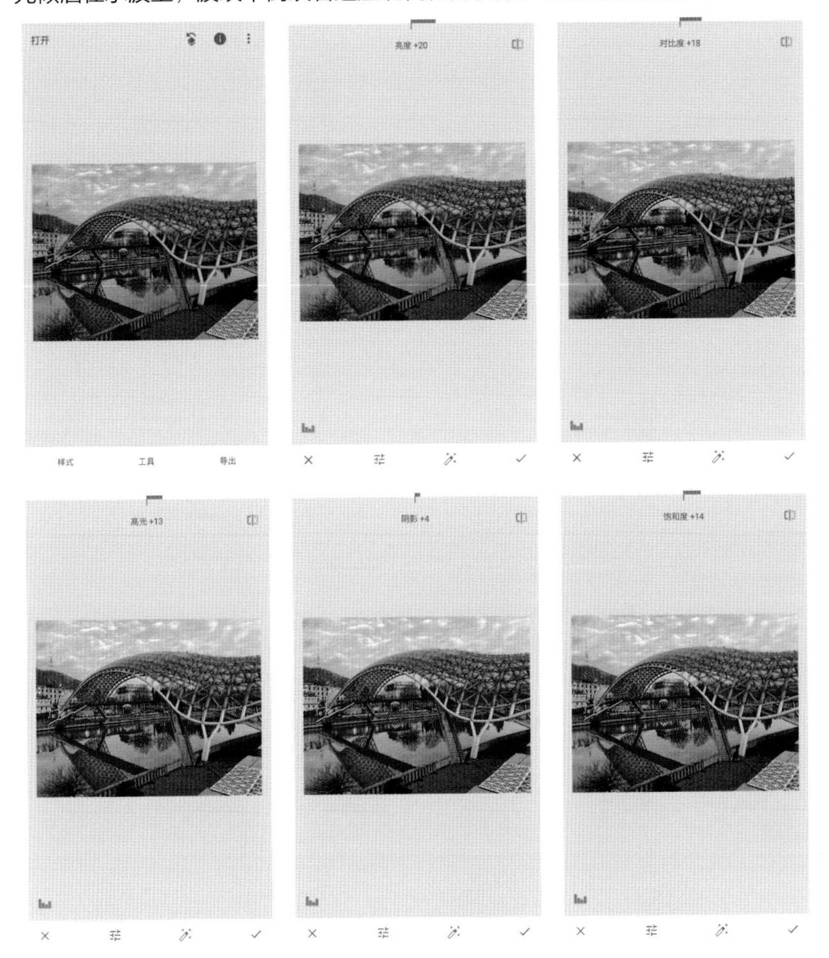

清晨的太阳散发着金色的光芒，一切看着都那么温暖，但因为太早的原因光照度还略显不足，照片就显得偏暗，整体层次感也不够。点击“工具”，点击“调整图片”，用手指上下滑动“调整图片”的菜单，先停在“亮度”上对图片整体加大曝光，然后滑到“对比度”提高图片整体对比度。如果感觉对比度还是不能满足视觉要求，用“高光”提升亮部曝光，再用“阴影”稍微加一点暗部的曝光，弥补整体加大对比度时丢失的暗部细节。使用菜单调整色调的“饱和度”，让金色的光影更加鲜艳一点，再调整“氛围”让图片显得更通透一些，并平衡一些大幅调整对比度带来的生硬感。

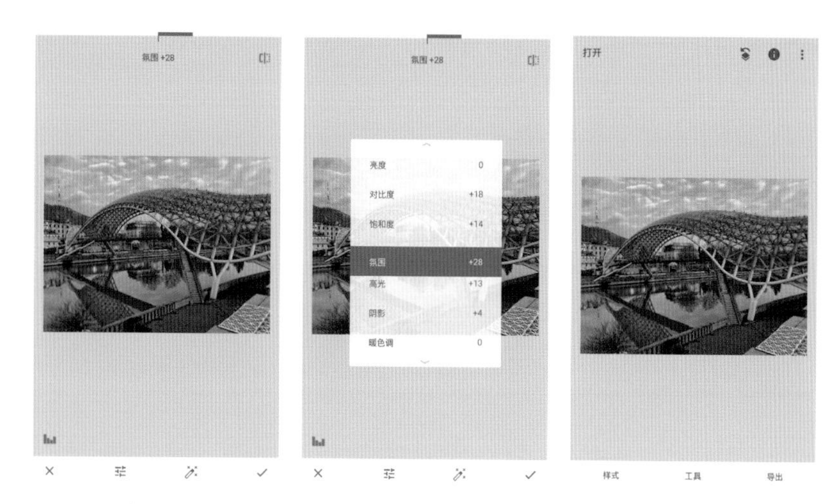

最后查看使用“调整图片”菜单中的工具做出的操作，点击“确定”图标确认保存。

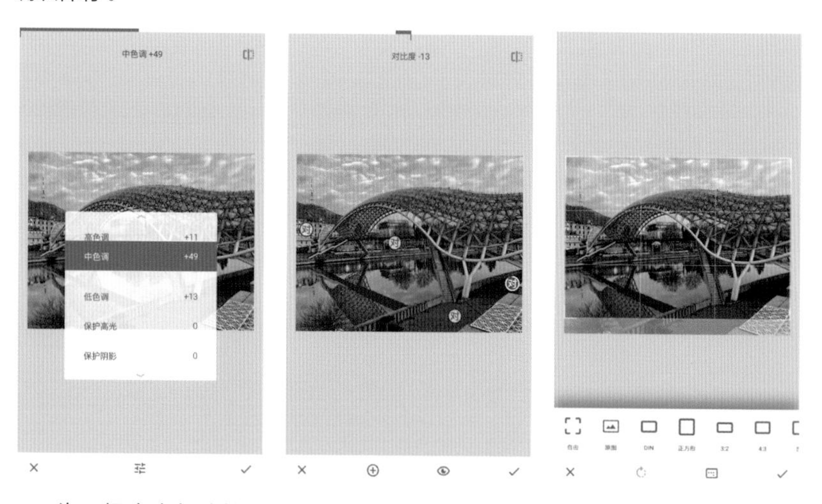

为了把高光部分的云彩细节充分体现出来，同时对中间调的对比度做进一步调整，点击“工具”，点击“色调对比度”，分别对高色调、低色调和中间调的对比度做了不同程度的调整，主要是提高了中间调的对比度，目的是更加突出桥梁，同时对云彩部分也稍加强了对比度。

使用“局部”工具的目的是为了在画面的一些没有规律的位置做些微调，这次选择了 4 个位置，并减小了 4 个位置的对比度、亮度、饱和度，因为这些地方都不是视觉中心，看起来没有层次，对照片的整体会更有利。点击“工具”，点击“局部”，点击下排菜单中的“＋”，再在画面里找到准备调整的位置，点击一下。每当“+”点成蓝色时就可以再在画面上添加一个调整点，一共可以增添 8 个调整点。每一个调整点被点成蓝色时可以做进一步操作，上下滑动发现一共有 4 个选项：亮度、饱和度、对比度和结构，滑动任一位置停下再左右滑动屏幕进行减小或者增加操作，每一个点还可以通过两只手指缩小或放大该操作影响到的范围半径。对纠结已久的构图做了剪裁决定，确认后导出图片。

根据拍摄对象的特征和拍摄者的拍摄目的确定影调，影调配置要完美地突出主体。调整影调最有效的方法就是利用对比，通过对比来突出最想表达的人、景、物，进而传达情绪甚至思想。尽量克服调整对比度时的等量分配，以避免主次不分，主体突出才更具视觉冲击力，才能让人捕捉到影调变化形成的节奏感。

“曲线”工具既可以调整影调，也可以调整色调，由于涉及的专业知识较多，使用比较复杂，后面会专门用一章的篇幅来讲解。

5.4 色调调整

5.4.1 照片的色调

色调由图像的颜色以及其相应明暗程度构成。色彩具有明度、纯度(饱和度)、色相 3 个要素，而这些基本要素在画面中各起不同的作用，起主导作用的因素形成了这幅照片的色调。一幅作品虽然用了多种颜色，但总会有一种明确的色调，偏蓝或偏红，偏暖或偏冷等。这种色彩上的倾向通常可以从冷暖、色相、明度、饱和度几个方面来区分色调。

色调按冷暖程度分为暖色调与冷色调。红色、橙色、黄色为暖色调，象征着太阳、火焰。蓝色、绿色为冷色调，象征着大海、蓝天、森林。黑色、紫色、白色为中间色调。暖色调的亮度越高，其整体感觉越偏暖；冷色调的亮度越高，其整体感觉越偏冷。冷暖色调也只是相对而言，例如红色系中，大红色与玫红色同时出现时，大红色就是暖色，而玫红色就被看作冷色；玫红色与紫色同时出现时，玫红色就是暖色。暖色调有助于强化热烈、兴奋、欢快、活泼和激烈等视觉感受。冷色调有助于强化恬静、安宁、深沉、神秘、寒冷等效果。冷色调之所以能产生寒冷的感觉，与人类从自然现象中的相应颜色感知到冷有关。

色调按饱和度分为高饱和度和低饱和度，饱和度是指画面色彩的纯度。一种颜色的饱和度越高，那么它就会越鲜艳；一种颜色的饱和度越低，那么它就会越暗淡(越接近灰色)。饱和度为 0 是白色，而最大饱和度可能是最深的颜色。饱和度取决于该色中含色成分和消色成分(灰色)的比例。含色成分越大，饱和度越大；消色成分越大，饱和度越小。

明度指颜色的亮度，不同的颜色具有不同的明度，例如黄色就比蓝色的明度高，在一个画面中如何安排不同明度的色块也可以帮助表达画作的感情，如果天空比地面明度低，就会产生压抑的感觉。任何色彩都存在明暗变化。其中黄色明度最高，紫色明度最低，绿、红、蓝、橙的明度相近，为中间明度。在同一色相的明度中还存在深浅的变化。例如绿色中由浅到深有粉绿、淡绿、翠绿等明度变化。

5.4.2 调整暖色调

案例解析 冷暖色调对比

下面左图中的人物是一位司机，他坐在汽车后备厢边上等待乘客。照片明显饱和度较高，色彩艳丽，在这青春律动的氛围下，老司机也显得朝气蓬勃。而右图中的人物因为寒冷搓着双手，周围低饱和度的环境更烘托出冬季荒野的肃杀，人物显得越发落寞无助。

我们把这幅照片的饱和度大幅降低，为了效果更加明显，同时也调低了亮度，组合降低了对比度，并减少了一点暖色调。点击“工具”，点击“调整图片”，用手指上下滑动调出菜单，先停留在亮度上，向左滑动手指降低亮度，同样的动作完成其他几步操作。因为本片中主色调为蓝色，本来就是冷色调，所以“暖色调”只做了微调，增“冷”效果不明显，且幅度大了会使整个照片发蓝而导致失真。

这幅照片只做了简单的加大饱和度并加一点暖色调的操作，但是饱和度提高的效果会施加在画面的任何一个角落，例如人脸。饱和度的大幅提高使人物的脸色明显发红，和客观真实情况不符，让人感觉照片很假。饱和度调整结束后点击“确定”图标确定。点击图标，然后点击“查看修改内容”，点击“调整图片”上的左侧箭头，再点击“组合画笔工具”图标。使用蒙版将施加在脸部的饱和度擦掉一些，适当的面色红润能让人感觉到精神振奋，通过“组合画笔工具”页面底部菜单中的增减箭头将“不透明度”调整至 25。用手指在人物脸上涂抹，使脸色恢复正常，而且比之前更加焕发活力。确定后导出图片。

再次对比这两幅照片，左侧的司机大叔无所事事，寂寥孤独地等候着不知何时才能到来的下一单生意，手上夹着香烟，长长的烟灰说明了抽烟只是为了

打发清冷的时光。没有了漂亮的颜色吸引目光，大家应该能集中注意力观察到鞋子上的灰尘。右图中还是那个荒野，但远处饱和度加大了一些的迎春花就能引起大家的注意，这是一个初春的早晨，虽还有寒意，但春天毕竟是来了。这位老人是格鲁吉亚前文化部部长，他是在欢迎我们拜访他的小酒庄。作为红葡萄酒的发源地，这里有许多酒庄，而宴请来宾自然都会安排到自己的酒庄品尝刚酿出来的美酒，这才称得上好客。老人迎出来很远，春初的寒冷并没有掩盖他的热情，红润的面庞把这份热情表达得淋漓尽致。

5.4.3 调整饱和度

两幅照片，一幅降低了饱和度，一幅增大了饱和度，得到了截然不同的效果。当然这只是饱和度表现的一个层面，和其他画面元素相配合，还会迸发出不同的火花。

色调调整的基本要求是真实，或者是看着真实。你可以把黑脸调成白脸，可以把蓝天调成晚霞，还可以把夏景染上秋色，但最重要的是不能失真。当观众观看照片时，发现因大幅调整饱和度而形成的色带分离和色斑堆积，就会马上知道你做了什么。因为调整不当带来的边缘割裂、色块混杂都是硬伤，当然还有不合逻辑、违反常识的调整也会被明眼人一眼看穿，如秋天开出了春天的花等。

案例解析 真实饱和度

这两幅高饱和度的照片，第一幅稍加了一点饱和度，目的是呈现真实感。原照片无法真实表现出肉眼可见的景色，增加了些饱和度的向日葵更接近真实。

第二幅浓烈的色彩让人窒息，也不由得对其真实性产生了质疑，觉得作者调色调得太过于任性了。真实在每个人心中，取决于自身的生活经验以及从生活中汲取的常识，所以就把这幅海滩图片的暖色调大幅调低了。

减少了色彩细节的沙滩和人物的剪影使照片更稳重了些，天空中也出现了更多冷色调的蓝色。蓝色和晚霞的金黄色交相辉映，比例得到了平衡，看起来要比原片好一些，也更“真实”了。

实际上前一幅才是没有调色的原片，但在大家眼里缺少了真实感，从照片角度看也不如调整后更平衡。日落维桑海滩，夕阳把最后的金色毫无保留地洒出去，大片的云彩又把它们都投射到海滩上。

↘ 案例解析 高饱和度

姥姥是一位慈祥的老人，她给了孩子全部的爱。这张人物照片有些暗淡，没有把这种温暖感描绘出来，也就不能把祖孙之间浓烈的情感表达准确。笑容虽然已经能传达这份温情，但如果再加些饱和度则会锦上添花。

导入照片后，点击“工具”，点击“调整图片”，在“饱和度”选项下用手指向右滑动加大一些饱和度。此时看到整体饱和度增加后没有带来色彩的失真，这样就不用做过多调整。如果调整目标色彩合适后使其他部分失真，就必须做进一步修正，可以用“组合画笔工具”擦去多余的调整部分，也可以用“局部”工具在想要降低饱和度的地方分别进行调整。

案例解析 低饱和度

这幅照片中，我们发现阴天的氛围使画面感觉有点怪。建筑物本身修建于 16 世纪，虽然瓦片的颜色有些新，但整体还是透着东欧幽灵古堡的味道，顺水推舟，那就让这种感觉来得更猛烈些。导入照片后，降低饱和度，得到的效果显得更旧了，年代感顿时跃入眼帘。乌云好像笼罩着整个世界，开始为画面里的小女孩担心起来。

5.4.4　调整氛围

案例解析　照片的通透感

在路边野餐后，静坐在岸边。河对岸山峰连绵，河中间也是倒映的一片翠绿，山的绿融化在绿色的河面，白色的云朵也顺着河水慢慢流淌。石头一尘不染，脚下的黑土地湿润松软。流水无声，松林轻舞，云随性地变化着，当你要指着一片云惊呼那多像一只老虎时，它就立刻化作野马狂奔而去，也许再回来已经又扮成翩翩仙子。静静地让身体享受浮生闲情，让眼睛记住初秋微凉，让心呼吸风的味道。一片云飘走了，阳光趁机洒下，暖暖的，伴着最原始的味道，那些从没有修饰过的味道。阳光从云的边缘透过，画面一尘不染。为了增添一些通透、清澈的感觉，加一点“亮度”，再把“氛围”稍微调高就可以导出图片了。

案例解析 清除雾气

阴天，山区刚结束一场夜雨。气温快速地下降把水汽凝结成了树挂，也同时让画面蒙上一层轻雾。消除覆盖在照片中的薄雾有很多方法，最简单的就是使用“调整图片”菜单下的“亮度”命令，调整一下亮度就显得好多了。通过“氛围”调整也可以达到相同的效果，利用“曲线”工具一样可以做到。

5.4.5 调整白平衡

案例解析 真实的白色

这是一件插花作品，曾经陈列于北京世园会的世界馆。外圈圆形的金属支架将插花小心吊起，装花的器具轻薄而透明，让人无法察觉，远远看去就像一幅刺绣作品。照片的曝光、色调都没什么问题，背景的白墙也白得无可挑剔，并不会让人有失真的感觉。

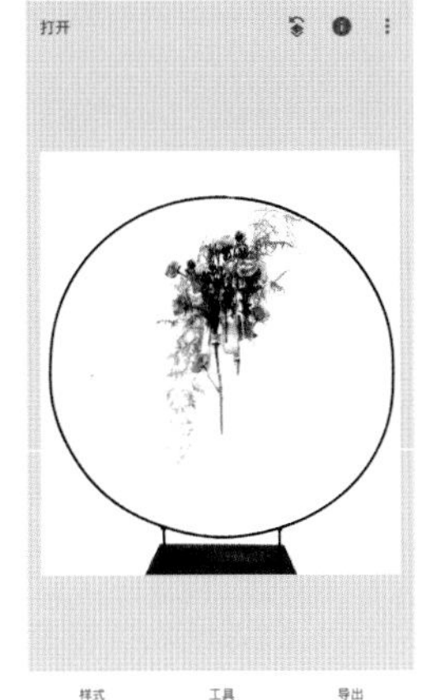

既然已经拍出了苏绣的调子，为什么不再雕琢一下色调呢，把它做成淡雅的绢色。

导入图片，点击“工具”，点击“调整图片”，在“暖色调”选项下加一点暖色调，确定保存。点击“工具”，点击“白平衡”。肉眼都能看出原片的白平衡是准确的，现在打开“白平衡”选项并不是为了纠正曝光时白平衡的偏差。

白平衡是一个很抽象的概念，最通俗的理解就是让白色所成的像依然为白色，如果白是白，那其他景物的影像就会接近人眼的色彩视觉习惯。在生活中日光的色温是不断变化的，没有两个地方的色温会完全一样，不同的地域、季节、天气、早晚等都会对色温造成影响，大量人工光源的色温也不尽相同。即便现在的相机都有了根据不同色温预设的白平衡调整以及更科学的复杂算法，也很难保证拍摄得到的照片能完美还原真实的色彩。

后期处理软件上设置的白平衡最基本的作用就是为了修正拍摄时失真的白平衡。“白平衡”工具菜单下有 5 个图标：取消、自动白平衡、精细调整、吸管工具、确定。“自动白平衡”顾名思义就是软件自动修正原图白平衡。“精细调整”下有两个工具“色温”和“着色”，可以通过这两个工具手动调整白平衡。“吸管工具”图标是吸管工具用于取样，取到的样本色就是你认为标准的白色，该工具使用方便，关键点是必须选取画面中 18 度灰的地方才能还原真实的色彩。

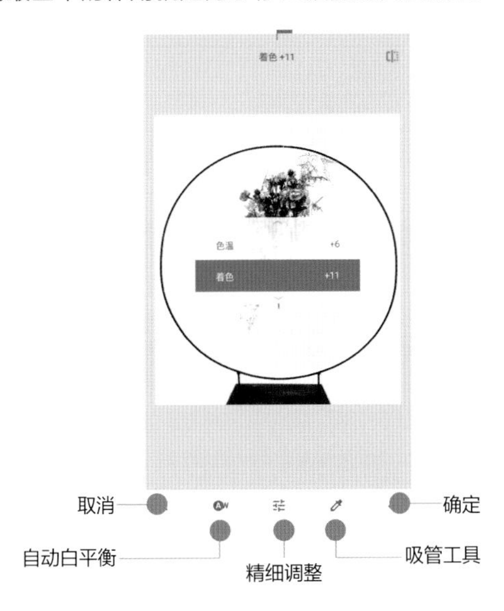

调整白平衡的原理就是给原先的图像加温或减温来实现，加温就是往暖色调增加，能使色彩更黄；减温就是往冷色调减少，能使色彩更蓝。在调整色调时，也就可以利用“白平衡”中的“色温”来调整颜色。“白平衡”中另一个选项是“着色”，向左滑动增加绿色，使画面越发显现黄绿色；而反方向是增加品红色，使画面越发增加紫红色。两项一起使用能调出除三原色外的所有颜色。

打开“白平衡”，点击图标后，手指上下滑动屏幕调出菜单并停留在“色温”上，向右滑动增加一点黄色，再到“着色”工具下增加一点品红，现在有些苏绣的调子了，点击“确定”图标保存并导出图片。

案例实战 从白天到黑夜

雍布拉康是西藏历史上第一座宫殿。西藏的天空蓝得让人不敢相信。

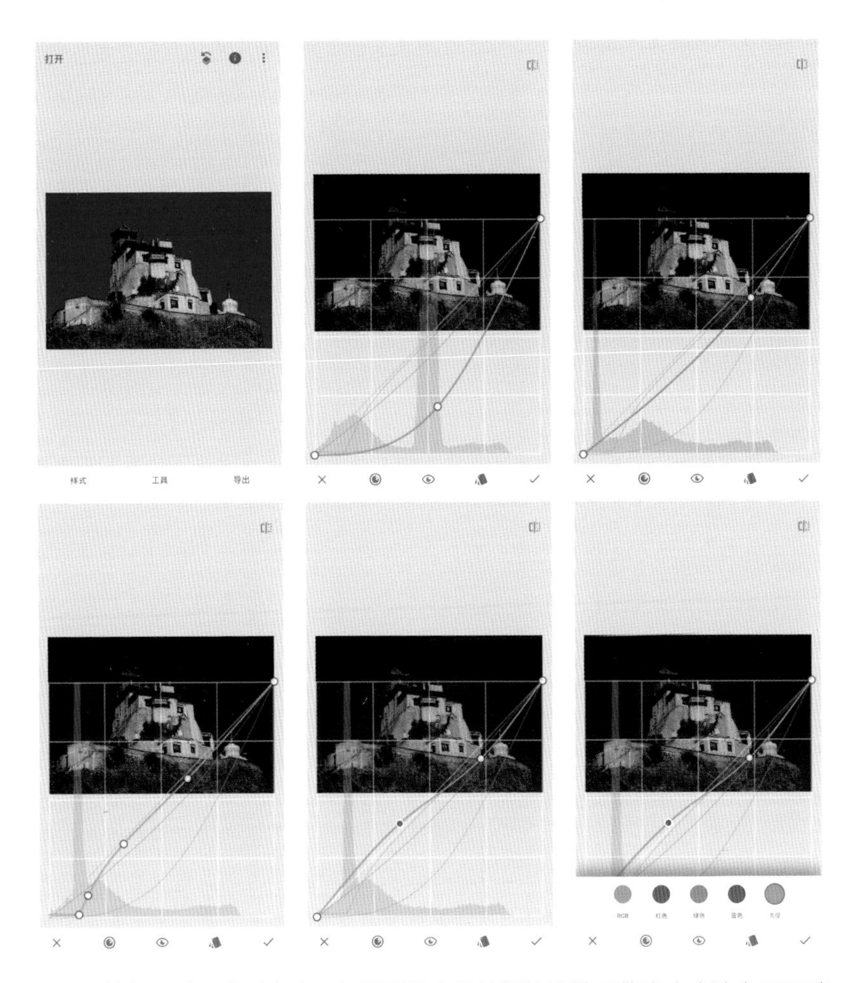

调整色调时要注重真实，如果看到自己拍摄的照片不能真实表达自己眼睛所看到的就需要调整，不能真实表达自己心里所想的也需要调整，限度就是不能失真。

现在把傍晚拍摄的雍布拉康通过调色变成夜晚宁静的雍布拉康。

导入照片，点击“工具”，点击“曲线”。先打开蓝色通道调整曲线，大幅度降低蓝色以达到压低天空亮度的效果。再分别打开红色通道、绿色通道、亮度通道进一步加工，得到幽蓝色夜空下静谧的雍布拉康。

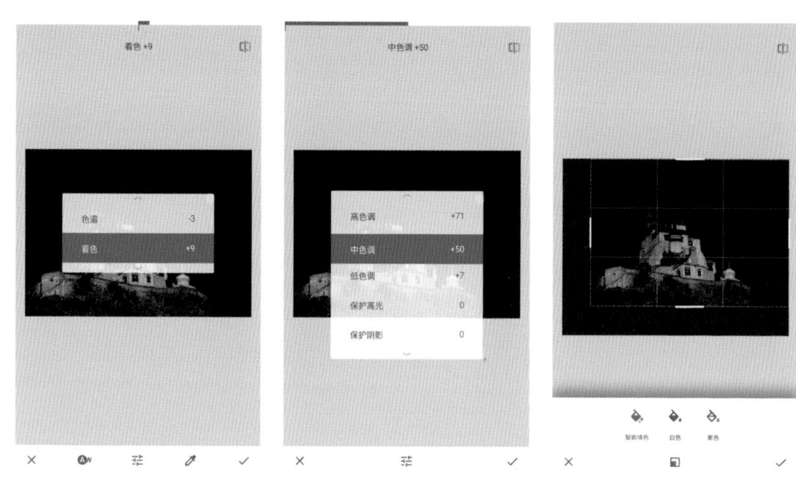

点击“白平衡”，点击“着色”，向右滑动为画面加一点品红，让宫殿看起来更接近月光下的颜色。

打开“色调对比度”菜单，分别对“高色调”和“中色调”进行调整，这主要针对宫殿部分的对比度，使其更有立体感。

月光下的宫殿已经基本完成，可是缺了一轮明月，下一步为画面增加一个月亮进行点缀。这个操作之前仔细讲解过，但这次发现月亮放在画面的任何位置都显得不太自然。点击“展开”工具，选择“智能填色”，用手指按住上沿边框向上拉伸，再按住右侧边框向右拉伸，此时就得到了一个向右上部扩展的空间。如果觉得还不够的话，可以重新使用“展开”工具继续扩展。一次扩展对于本幅照片已经足够，雍布拉康正好位于画面的黄金分割位置，宫殿的右侧边线也正好将画面分割成对称的两个三角形。

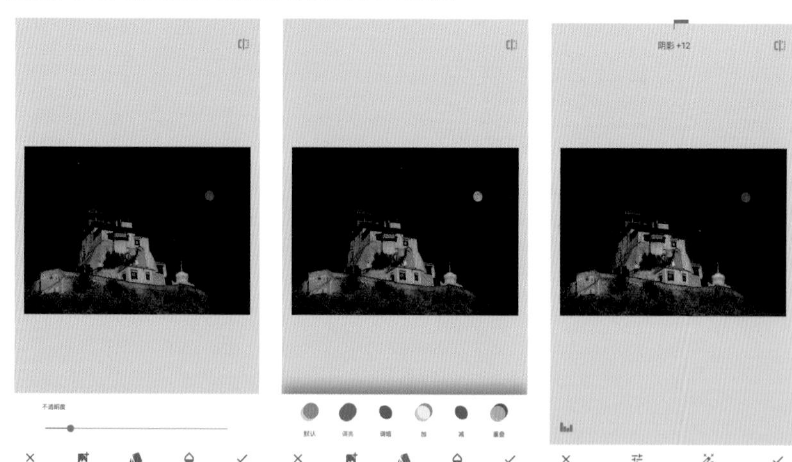

因为调取的月亮照片也是黑底，双重曝光时会使照片更加显暗，所以这里使用了“调亮”模式，并将月亮照片的不透明度调低，同时月亮也会显得比较朦胧，淡淡地挂在画面右上方。

↘案例实战 绚烂的色彩

夜色里的摩天轮深情而绚烂，可以再炫丽一点，散发出更加奔放的色彩。

打开“白平衡”，使用“色温”增加一些暖色，再使用“着色”增加一些品红。

打开“色调对比度”，分别增加“高色调”和“中色调”的对比度。

打开“调整图片”，在菜单中找到“氛围”，向右滑动增加一些通透的感觉。

再增加一点亮度，使霓虹灯越发耀眼，亮度增加也让画面里夜色中的杂色光点更明显。点击“工具”，点击“修复”，用手指点击想擦除的杂质。修复完毕，确认导出图片，此时得到更加耀眼夺目的摩天轮。

↘案例实战 自由调色

红色屋顶是这里独特的风景，坐落在高加索群山峻岭之间的西格纳吉被称为“爱情小镇”，美轮美奂的风景更是吸引着世界各地的青年男女相约来这里谈一场童话般的恋爱。

抵达小镇已是傍晚，淡淡的红霞慢慢飘远，一切都只是安静地和着时间，没有什么可以被打扰。我只想用浓烈的色彩去表达疯狂的眷恋。

依旧使用“曲线”工具，分别对各个通道进行调整，试着找到心仪的浓烈色彩。

再增加一些饱和度，通过调整“氛围”让画面更加明亮通透，但始终没有满意的答案。

调色就是这样，没有什么方法可以一蹴而就，没有什么神仙能教你一键化腐朽为神奇，慢慢地找，慢慢地尝试是唯一的方法，也许只有经验是唯一的捷径。

暂时放弃寻找，先解决一下照片构图的问题。照片中下部有一道斜线，是云留下的形状，看起来却很像天际线，使照片看起来不那么平衡。

点击“工具”，点击“透视”，在菜单下选择“自由”选项，用手指拖动画面右下角，使向左上倾斜的线下移形成水平。

重新回到寻找心仪色调的旅程，打开“白平衡”，尝试使用“吸管工具”找到准确的白平衡，得到想要的画面，确定保存并导出照片。

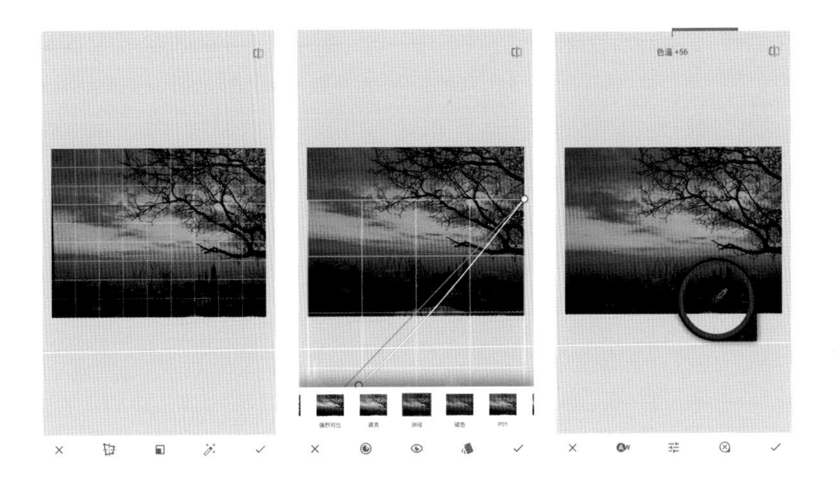
色温 +56

5.5 局部调整

5.5.1 局部调整的工具

蒙版(组合画笔工具)能够完美地进行局部调整。我们可以先整体做出效果，再观察哪些部位不需要和画面其他部分一起进行调整，幅度不同就可以利用蒙版进一步擦除或调整。Snapseed 提供了使用更加简便的工具，也可以实现局部调整的效果，这些工具分别是画笔、局部、修复。

5.5.2 画笔工具和局部工具

案例实战 应用画笔工具和局部工具

这幅照片中的小猫好奇地看着镜头，但由于侧逆光的原因使它右侧的眼睛比较黯淡无神，本来想尝试用“美颜”工具一键美瞳，结果发现无法识别而告终。单独对某一具体而细微的部分调整可以使用“画笔”工具，“画笔”菜单中有 4 个选项：加光减光、曝光、色温、饱和度。在调整中可以利用页面上的加减键确定调整方向和每次的调整幅度，效果不满意还可以通过加减键找到“橡皮擦”修正回原貌。“曝光”选项每次操作不能重复，一次涂抹就要达到指定加减曝光的程度，而其他按键可以反复涂抹进一步得到效果，但也都有一定的限度。“加光减光”和“曝光”都是起增加和减少亮度的作用，两者的区别是：“加光减光”调整幅度小且可以循序渐进地微调，但“曝光”工具的效果是一步到位且修正幅度较大。

打开“画笔”工具中的“加光减光”，轻轻涂抹在小猫的眼睛上，观察变化，觉得不够的话再加一点直到看上去很自然。

使用“调整图片”对整体做一些调整，着重加些高光提亮整体画面，让画面更加生动一些，增加饱和度使草地再绿一点，提高对比度让画面重点更突出，正向改变“氛围”的目的是让整体显得通透自然。

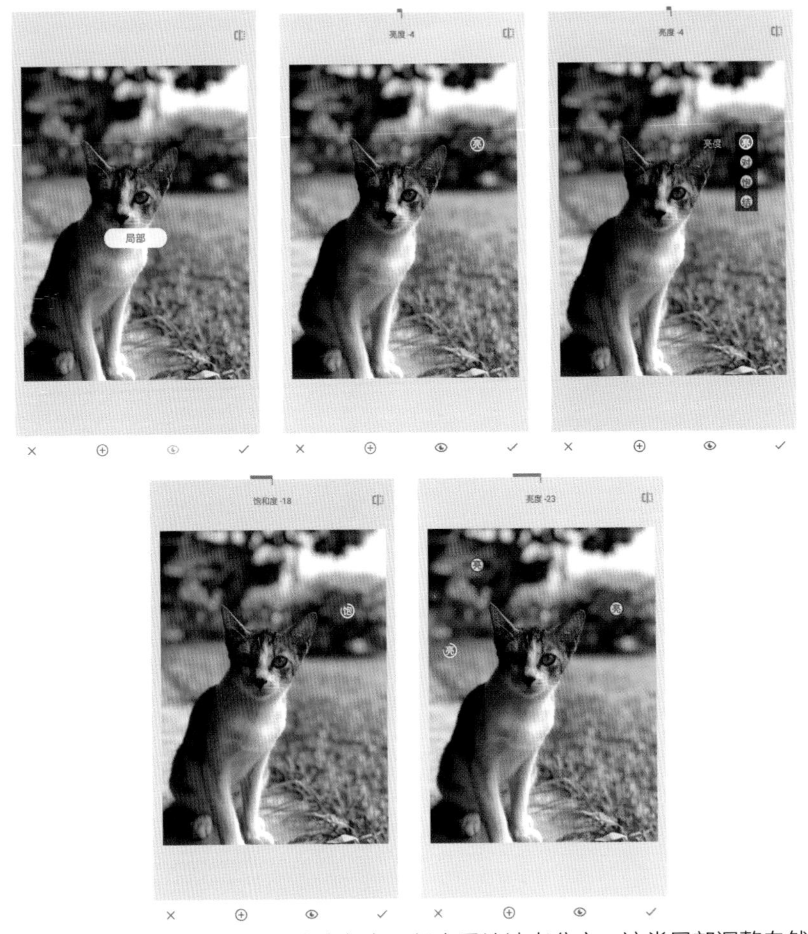

远处的背景较亮，而且内容复杂，很容易让读者分心，这类局部调整自然要用“局部”工具。打开“局部”工具，点亮菜单中的“+”成蓝色，然后在画面中找到需要处理的部分，点击一下，之后所有的改变都将围绕这一点进行。用两只手指开合可以改变调整范围的大小，调整大小过程中发现中心点附近呈红色而边缘逐步淡化，这就是羽化，目的是让所处理的部分效果渐变不至于和周围环境形成太大反差，而且有合理的过渡递减效果。用一只手指上下滑动还可以调出更多的调整选项，其中包括亮（度）、对（比度）、饱（和度）、结（构），选项点亮成蓝色时，可以左右滑动屏幕进行增减。当位置点"+"呈蓝色时按住还可以移动到自己想要的任何地方，同时出现的放大镜功能还能让选择更精准。轻点位置点"+"还会出现一个新的菜单，包括剪切、拷贝、删除、重置，其用途和名称一致。"剪切"后可以将之前的操作粘贴到新的地方，原来的地方就不再调整，"拷贝"则保留原位置操作，"删除"同时包括调整的内容和选择的位置，而"重置"则保留原来的位置需要重新调整参数。选好一个位置进行调整后，可以把下排的"+"按键点亮成蓝色，添加新的位置继续调整，一共可以选择 8 个位置。

本次调整并不需要选择过多的位置，只用把远端背景的亮度和饱和度降低一些就可以确定保存了。

案例实战　使用局部工具进行微调

既然讲修图，那么不仅要讲锦上添花，还需要讲雪中送炭。有些照片看到后就感觉不舒服，所以对于大多数人来说，后期处理的主要目的还是要使照片旧貌换新颜。

下面这张照片拍摄的时候有非常好的创意，也立即完成了构图。一个演员正用手影讲故事，照片则对焦到他的手以及投在屏幕上的影子，让人感受到艺术家正在和自己的作品对话。满心欢喜地打开照片，却发现画面暗得甚至以为手机黑屏了。使用“剪裁”工具先对构图进行简单调整，让人物核心部分居于画面的黄金分割点。

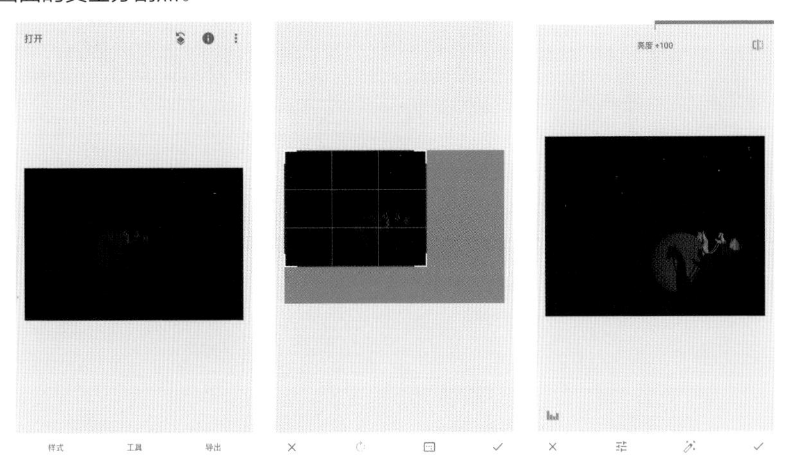

使用“调整图片”工具把亮度调至最高。因为底色是纯黑，加大亮度不会对背景产生任何影响。这时的照片已现雏形。

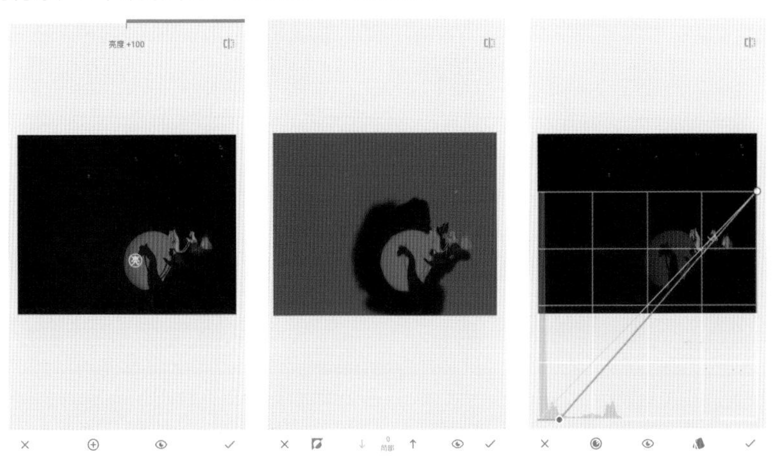

聚光灯的投影还显得有些暗，使用“局部”工具把光标放置到聚光灯中间偏左最暗的部分，加大亮度，调整范围比灯影稍大一点即可。

使用蒙版（组合画笔工具）对本次调整进行一定微调，擦除灯影周围和人体上面调亮的部分，调亮使原来这些暗色增加了许多噪点，而且也影响了明暗对比度。

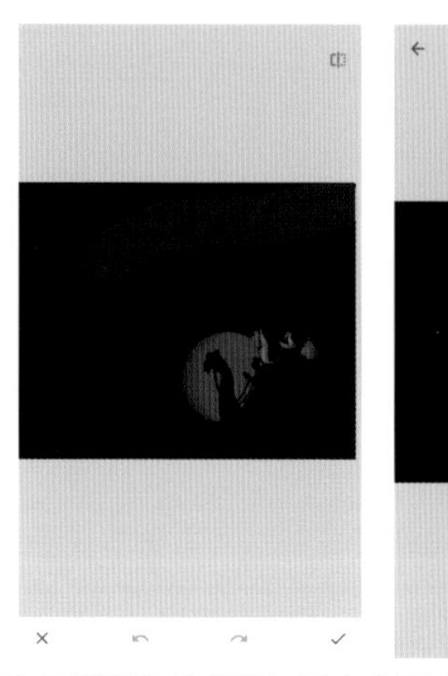

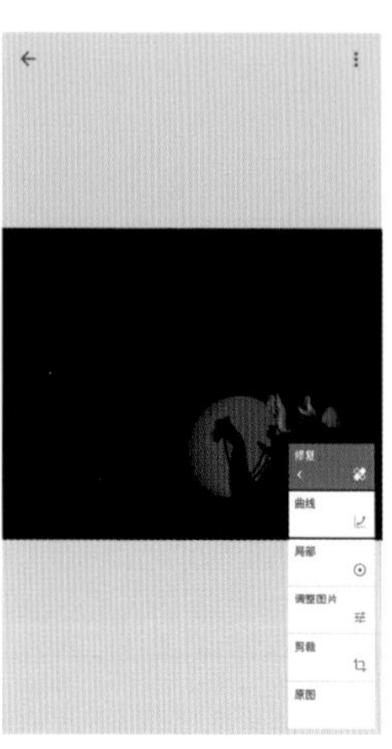

照片上所有光线的部分都有点泛黄，打开“曲线”工具中的红色通道将画面中的红色像素减少，使颜色更加真实。

画面的上方还有一些杂质，可能是舞台灯光，看上去影响整体效果，使用“修复”工具直接擦除。最后看一下操作过程是否还有遗漏，照片是否已经和按下快门时的构思达成一致，确定保存并导出图片。

5.5.3 修复工具

案例实战 擦除画面瑕疵

2008 年 5 月 8 日上午 9 时 17 分，北京奥运会“祥云”火炬成功登顶珠峰，首次实现了圣火在世界之巅的传递。作为国家登山队队员的严冬冬也就在这一时刻登顶世界最高峰，并从此开始了职业登山生涯。照片拍摄于登山队返京在首都机场的欢迎仪式上，仪式上人很多，纷乱嘈杂，而这张照片又是我手中保存的关于他最珍贵的记忆，一同从清华登山队走到国家登山队，一生执着于梦想。尽管照片质量不佳，但人物主体清晰、神情自然，脸部被雪山强烈的阳光灼成黑色，还透出了些许高原红。

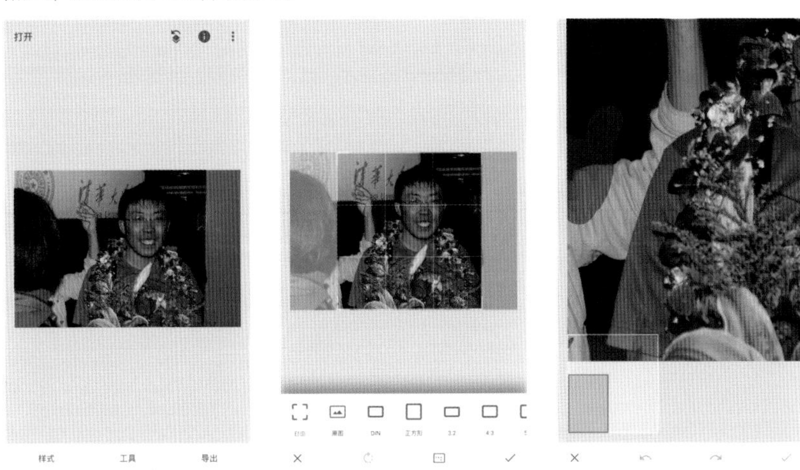

先尽量裁掉与主体不相关的多余或杂乱部分，却发现还有许多内容很难通过裁剪的方式处理。

打开“修复”工具，这个工具很好用，界面也简单明了，直接用手指在屏幕上涂抹想要去除的内容即可，软件会有精密的算法在涂抹掉的地方填补根据附近像素集合分析得来的内容，如果觉得操作不满意，还可以在菜单中找到“回退”键撤销操作，“回退”键边上还对应了“重做”键，可以把刚撤销的操作找回来。在运用“修复”工具时需要耐心，尤其在复杂画面条件下要把照片放大后一点点修复。对于纯色上的杂点最简单，点一下即可，对于线也可以用手指拉一条线直接覆盖。

使用“修复”工具修复到画面左侧橙色衣服边缘时就很难推进了，这时选择使用“双重曝光”工具配合蒙版（组合画笔工具），也就是要用另一张照片上的画面覆盖住本照片上想盖住的内容。当然前提是要先导出当前的照片作为覆盖用的像素来源。使用别的照片也可以，用原片色调相对更统一。双重曝光后，移动新载入的照片，将照片深色部分覆盖住橙色衣服边上的高光部分，不透明度调到 100%，确定保存后，开始用“组合画笔工具”将新照片上的暗部颜色覆盖，进而清除了纷杂。实际操作中，还使用“双重曝光”对因使用“修复”工具损伤到的清华大学校旗的部分做了修复，方法与上述相同，不再赘述。

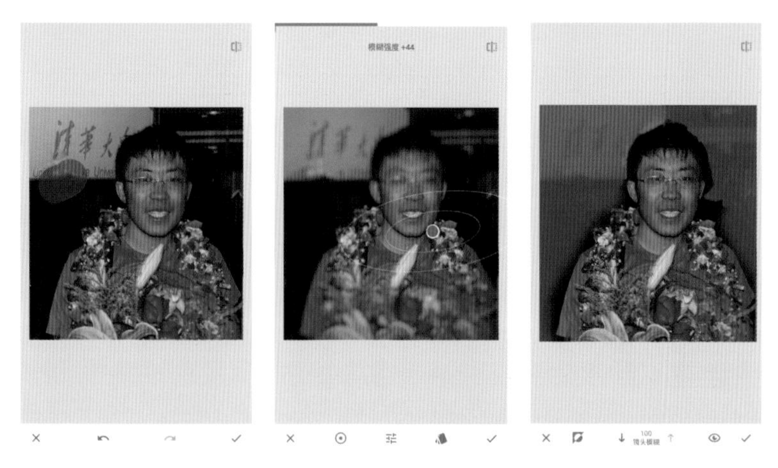

对于杂乱的背景，可以使用“修复”工具涂抹，但涂抹的结果往往会因背景颜色纷杂而很难处理得天衣无缝，这时背景虚化就是最有力的武器，同时小景深也可以更加突出主题。“镜头模糊”工具就是用来模拟镜头虚化的效果，

调整模糊强度直到背景已经看不出因为修复带来的杂乱效果。虚化的中心挪动到不需要虚化的位置，调整半径越小越好，因为最终除背景外都要擦除。

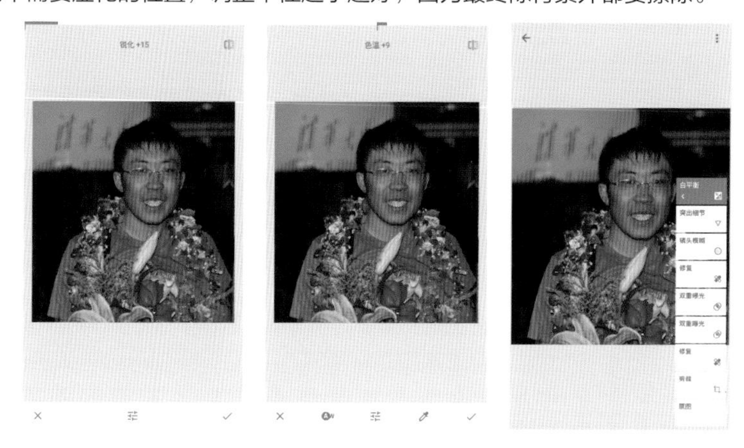

画面已经清除干净，使用“突出细节”工具稍做一点锐化让人物更立体，画面有点蓝，调一下色温。调整完毕，导出再看一看这个中国曾经最优秀的登山运动员，年轻的他留在了最爱的雪山。

5.6 锐化

5.6.1 锐化工具

在 Snapseed 中，锐化工具指的就是“突出细节”工具，上下滑动可以切换菜单中的两个选项：结构和锐化。两者都是调节画面清晰度的工具，不同点是“结构”的调整施加于整体，而且可以双向选择，也就是可以增加，也可以减少清晰度，“锐化”只针对清晰部分进行锐化，而且只能增加不能减少。“结构”的负向调节可以使画面营造出朦胧的感觉，是日系风格必用工具，而正向调节对边缘刻画明显，在突出建筑物轮廓方面使用更多。“锐化”则对调整画面层次感、立体感更加有效。细节调整需要适可而止，过分使用也会使画面失真。

5.6.2 锐化工具的应用

↘ 案例实战 制作水墨画

中国传统水墨画一直深受大家的喜爱，能用相机拍出水墨风格的作品吗？当然可以，但因为摄影的写实和国画的写意之间无疑存在着巨大的差异，后期处理是必不可少的。对于这类对最终作品呈现有完整思考的创作，前期和后期都不可或缺。虽然我们认为所有的照片无论拍成什么样子，后期都可能通过二次创作形成一个有独立风格的作品，但对于目的清晰的作品就需要前期也要完整落实拍摄思路，否则后期会遭遇无米下锅的尴尬。我们拍摄时将半透明的柔光板隔在荷花与荷叶之间，使拍摄出来的荷叶形态朦胧、若隐若现，只有这样才能使后期处理有很好的基础进一步创作。

既然是水墨风格，在此直接将“饱和度”降至 -100，形成黑白影像。

打开“突出细节”工具，将“结构”反向拉到 -100，这时呈现在我们面前的荷花和荷叶都尽失棱角，整个荷叶就像在宣纸上晕染出来一样，而荷花也变得线条柔美、楚楚动人。

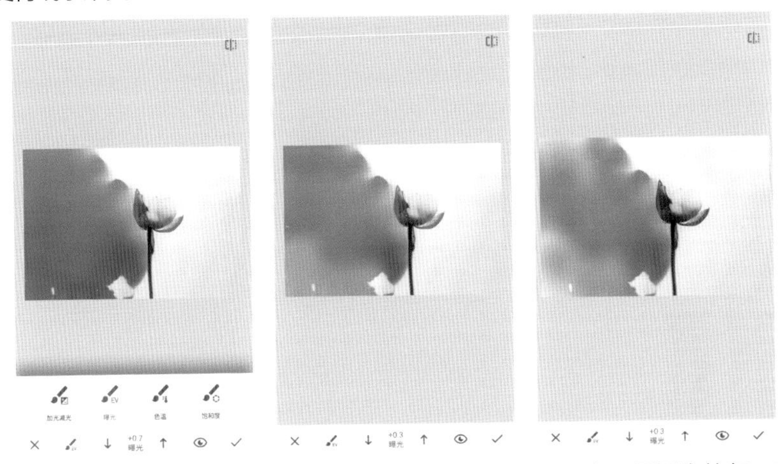

此时的画面已经显出了水墨的雏形，但细看画面还留有不同层次的灰，感觉不那么干净。打开“画笔”工具下的“曝光”，用画笔调整画面整体曝光，然后再降低“曝光”工具调整的幅度，用手指在画面上作画，画出更接近水墨质感的荷叶。

案例实战 增强人物立体感

银婚是老两口携手相伴一路走来最好的见证，只是看着合影照片就能体会到两人目光中流露出的暖暖爱恋。

先对照片做一个剪裁，让女士的左眼处在黄金分割点的位置。

由于女士的头部稍微有点外偏，使用一下“头部姿势”工具进行微调。软件智能识别到男士，操作对女士头部形态的调整失效，下一步就是如何让软件正确识别到女士。打开“双重曝光”工具，给原照片覆盖上一张纯黑的图片，将“不透明度”调到 100，再使用组合画笔工具将男士一侧涂黑，这样软件就别无选择了。

“头部姿势”工具下除了可以 4 个维度调整头部姿势外，还包含“瞳孔大小”“笑容”和“焦距”3 个工具，可以分别对人物面部的眼睛大小、笑容幅度以及两眼之间的距离做出细微调整。由于“瞳孔大小”和“焦距”的调整可能会改变人物的真实相貌，这里没有做进一步应用，只是将女士的嘴角略微上扬，露出淡淡的微笑，以弥补拍摄时没有捕捉到的遗憾。再将女士的头向男士略微偏了点，拉近了距离，也使两人的目光汇聚到一起。

调整完毕后，最重要的是不要忘了回到“组合画笔工具”中的“双重曝光”，将添加的黑色图片的“不透明度”调到 0，或者直接删除“双重曝光”操作。

笑容 +11
结构 +22
锐化 +19
高光 +15
亮度 +12
对比度 +11
饱和度 +14
氛围 +15
高光 +15
阴影 0
暖色调 0

观察到女士右眼处有一点青色，打开“画笔”中的“加光减光”工具，在眼部黑色部分进行轻微涂抹直至颜色正常。

使用“突出细节”中的“结构”对画面整体进行锐化，因为调整是全局性的，可以再用蒙版擦去背景虚化的部分，让虚化部分不要被锐化到。

再使用“锐化”工具进一步锐化，目的是使人物更加有立体感，锐化后再用蒙版勾画出想要锐化的部分。选择重点放在人物五官，而不是脸的全部，因为锐化的同时会使画面噪点增大，令画面有粗糙、不干净的感觉，也让人物显得沧桑。衣服的褶皱、衣领、扣子等部位都可以进行锐化，也使人物整体立体感更强，更加生动。

最后对照片的影调进行微调，饱和度的增加使人物面色更加红润，增加一些亮度和高光让照片更明快，氛围的调整让画面看起来更加自然。

专家指点

在之前讲解时归纳出先结构后影调再色调，最后局部微调锐化的修图步骤，这要求作者对原照片先有全局判断，找到不足进行调整，再找到创作方向进行调整，所以对于有些影调、色调并无硬伤的作品，通常也会在弥补完照片缺陷后进行影调、色调调整。总体规划和设计对后期修图至关重要，但在修图过程中不断激发灵感、不断尝试也是很好的创作方式，重要的是敢创新、愿思考、不拘泥，就能得到自己满意的作品和创作的快乐。

案例实战 丰富画面层次

克勒青河谷是通往世界第二高峰乔戈里峰的唯一通道，每年六、七月雪山融水聚成克勒青河，直到九、十月才能再次通行。登山队大都会在雪山融水前进山，等九、十月河道变窄后出山，进山时骑着骆驼，赶着羊，带着蔬菜种子，余下的几个月就要在人迹罕至的深山里自力更生。河谷两侧雪山连绵，山谷里除了稀疏的红柳几乎寸草不生，把荒凉、凄冷感表达出来是修改这幅作品的初衷。

打开“曲线”工具，分别在红色通道、蓝色通道中减少红色和蓝色的亮度，减少红色会使颜色偏向红色的补色青色，减少蓝色会使颜色偏向蓝色的补色黄色。在绿色通道中加一点绿色的亮度，使画面更绿一点，绿色的补色是品红，更绿就会离红更远。

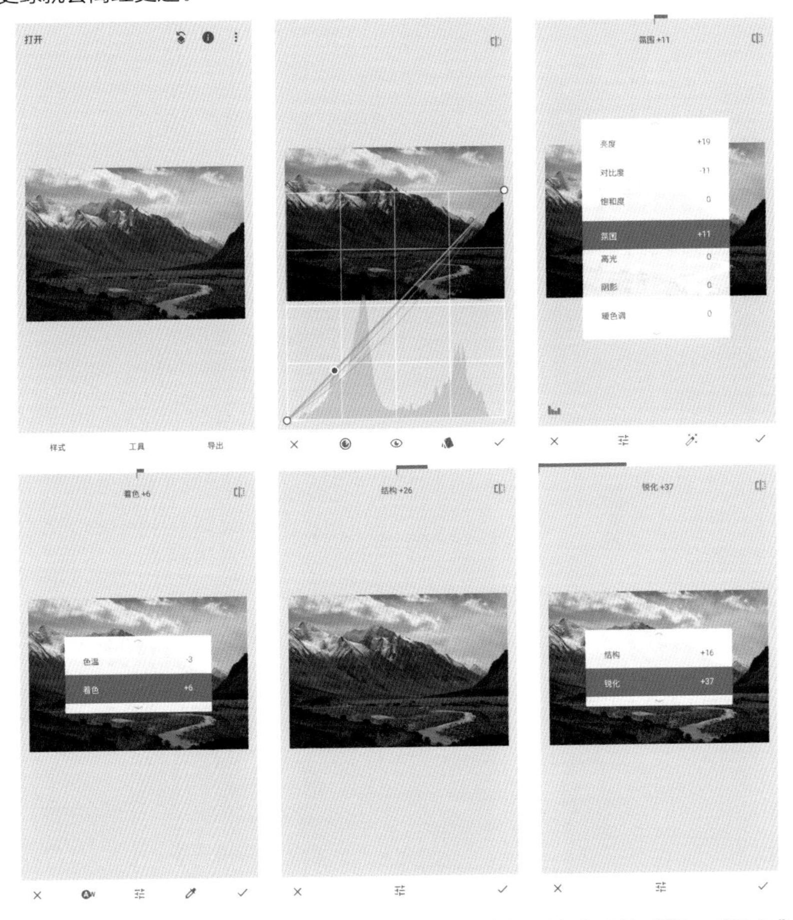

打开“白平衡”，再降一点色温，达到通过冷色调追求冷的感觉，“着色”向右加了些紫色，紫色是中间色调，看起来舒服就好。

使用“突出细节”中的“结构”工具对画面整体增大清晰度。

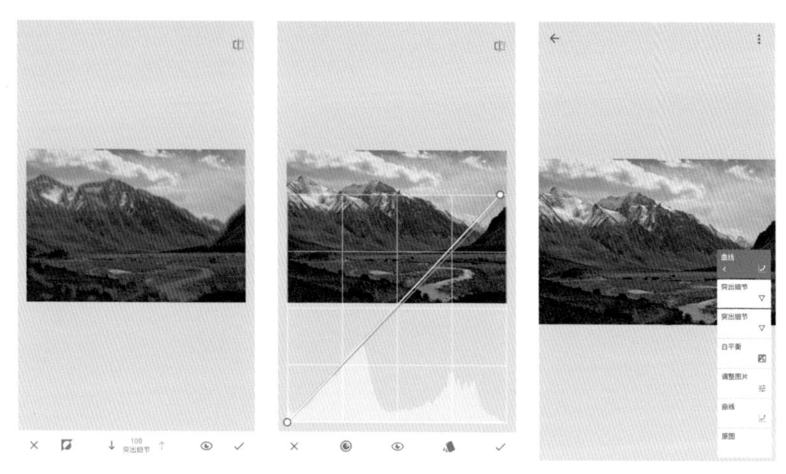

再使用“锐化”工具结合蒙版锐化细节。在画面上涂抹出想锐化的部分，这些部分通常包括轮廓线和有特点的景物。本图中勾勒出雪山并对一些岩石和红柳做了锐化，这些调整让照片有层次、有重点。

天空还有些暗，打开“曲线”工具中的亮度通道对高光部分加亮，会发现画面上部高光部分变化明显，而其他暗部变化很小。观察曲线的使用方法，记住它以后都会用得上。

第6章 曲线修图

6.1 曲线工具

什么是曲线？每一张照片都是由许多像素组成的。我们把所有像素放在一个坐标轴上就是直方图，排列方式是从暗到明、从左至右排队形成了横坐标，纵坐标就是不同明暗像素的数量。在 Snapseed 曲线功能的直方图中，横轴 (x) 代表亮度，从左到右就是整张图所有的像素从暗到亮；纵轴 (y) 代表像素点的数量，从下到上就是从少到多。

曲线中有 5 个通道：RGB、红色、绿色、蓝色和亮度。使用 RGB 通道调整是对所有颜色同时调整明暗，在该调整中包含灰度，灰度是影响色彩饱和度的因素，在这个通道里可以形成纯黑和纯白。使用红色、绿色、蓝色通道都只能调整单一颜色的明暗。使用亮度通道只能调整画面整体的亮度，不涉及其中任何一种颜色，所以不可能出现纯白，可以出现纯黑，这也是其和 RGB 通道的区别。

颜色包含色相、饱和度和明度，调整 RGB 曲线可以形成各种颜色的不同饱和度、明度的变化，可以说能够通过调整得到一切想得到的色彩。

打开“曲线”工具中的任意一个通道，看到直方图上有一条与 x、y 轴各成 45° 角的斜线，我们的调整方法就是通过这条曲线进行。这条曲线上的任何一个点都代表着该亮度项下像素集合的初始位置，这条曲线的变化就是曲线上相同 x 轴数值点的 y 轴数值高于或低于原先的位置（即偏离了原来的对角线），高于代表将该部分像素的亮度统一提高，低于则代表将该部分像素的亮度统一降低。用单通道更好理解，例如在红色通道中，新拉伸形成的曲线上任何一个相同 x 轴数值点的变化就代表原来亮度为某确定值的所有红色像素的亮度增加或者减少。

这是明暗鲜明的两个红色，第一张直方图有左右两部分柱状，分别是暗部红色（下半部分）和亮部红色（上半部分），我们用曲线把暗部红色加亮，同时将亮部红色压暗得到降低对比度的新图。打开新图的直方图（右图）可以发现原来左侧的柱状向右移，同时右侧的柱状向左移。这就是 RGB 曲线的基本原理。使用“曲线”功能对泾渭分明的曲线更容易调整，当然在无法做到精准调整时，可以使用蒙版擦除误伤部分。

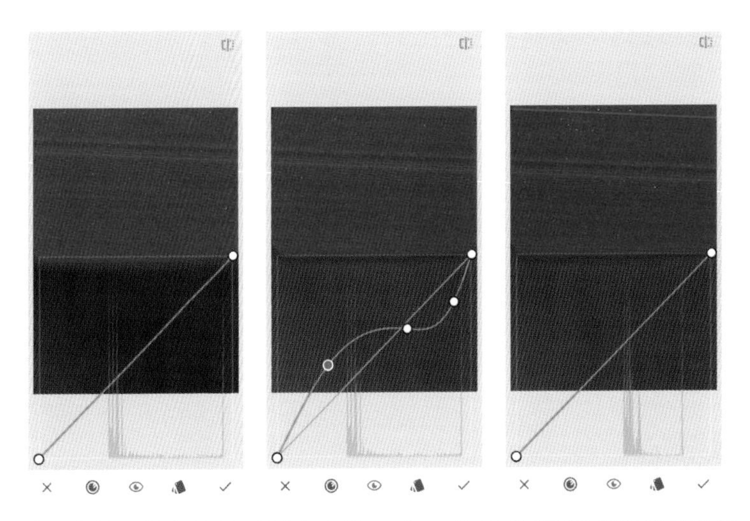

使用曲线可以实现几乎所有的调色功能，而且可以做到比较精准的调整。

6.2 制作纯色背景

案例实战 更换背景

背景杂乱的照片想处理成纯色背景，就需要用到曲线工具，就是用 RGB 曲线把图片调整成黑色、白色、灰色或者其他纯色，然后配合蒙版把主体擦出来。黑底背景上是一把藏刀和一串佛珠，大多数人拍摄静物时都希望有一个纯黑的背景，这样更能突出要拍摄的主体。下面看看能不能把黑背景换成蓝背景。

点击“工具”，点击“曲线”，打开蓝色通道，努力将画面最暗部的曲线拉到最大值。把曲线原点拉至纵坐标最高处，尽量把原先曲线上的其他点留在原处，当然不能完全做到只把最暗部点都拉成蓝色，因为这是一连串无限个点组成的线，我们观察图像变化，把更多的比黑色更亮的点留在原来曲线的下端。调整时需要多设几个节点便于操作。画面底色变蓝了，仔细观察发现刀和佛珠的暗部也同时染上了蓝色。这就需要我们运用蒙版（组合画笔工具）将刀和佛珠上的蓝色擦除。因为佛珠很小且刀的边缘也有蓝色残留，擦除时尽量把图放大仔细擦除。

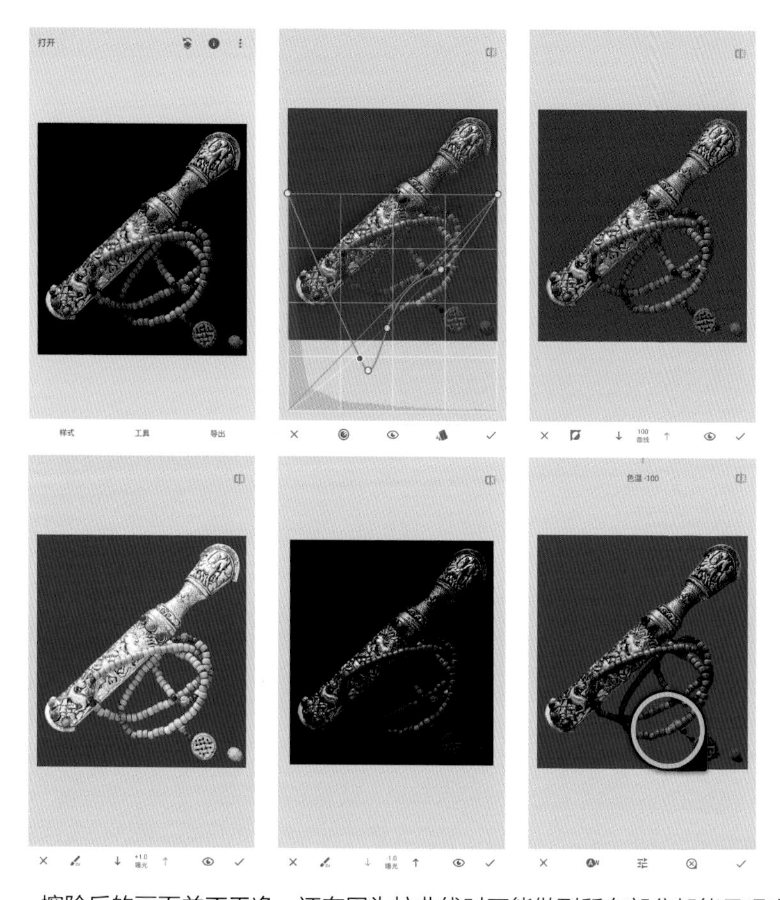

擦除后的画面并不干净，还有因为拉曲线时不能做到所有部分都能呈现出同样明暗度的蓝色，而产生的黑色阴影不规则散布在画面的各个角落。打开“画笔”工具，对全图做加大曝光以消除蓝底上的黑色阴影，结果使刀和佛珠的亮度也同时增大。重新回到原图状态，即在进行曲线调整操作之前的原始状态，使用“画笔”工具按刚才做的加大曝光参数的反向数值做全图降低曝光的操作。降低曝光对底部的黑色没有任何影响，而刀和佛珠就变暗了，再恢复到加大曝光操作之后发现刀与佛珠刚才增加的曝光被抵消了，同时蓝色底部也变得通透，消除了阴影杂色。

刀与佛珠颜色有些与之前不同，刀鞘是银色的，现在偏离了许多。打开“白平衡”工具，找到“吸管工具”，并把光标移到画面中最接近 18 度灰的位置进行白平衡校正。

右下角的一粒装饰珠不是很和谐，使用“修复”工具擦去，确定保存。

案例解析 调色板

下面用这个调整实例来说明使用“曲线”工具能够调出各种颜色，就像是一个调色板让你任意选择想要的色彩，有了这个调色板可以随性画出不一样的世界。

下面简单列举如何获得各种纯色曲线，分别使用红色通道、绿色通道和蓝色通道将各个通道的曲线拉直水平，然后分别调整各条水平线的高度就能获得所有纯净的颜色。在 RGB 通道中，将曲线两点都移到左上角就是纯白，把曲线右边的点移到右下角就是纯黑，曲线水平状态时，就可以通过水平线高低得到不同灰度的灰色。

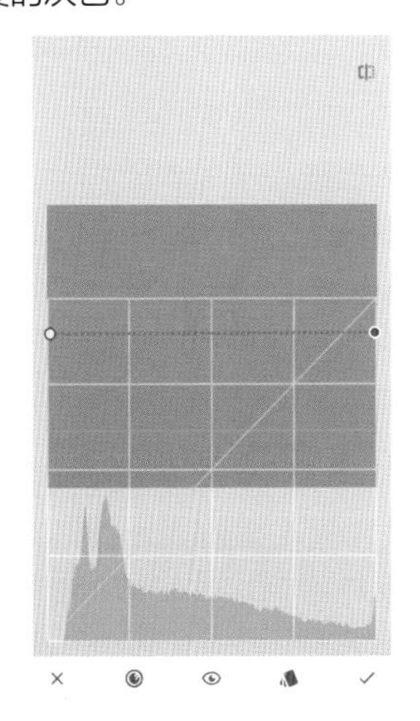

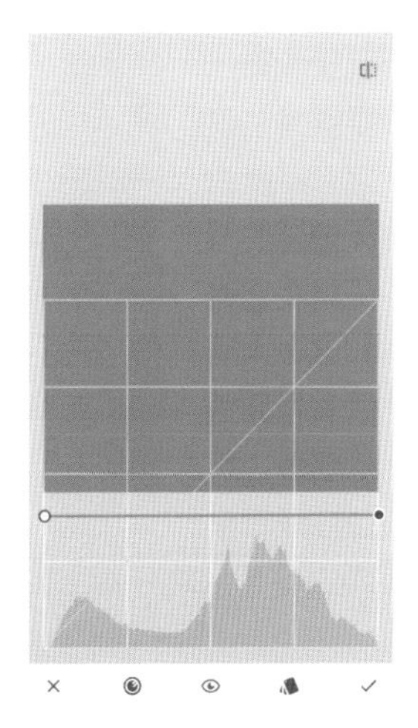

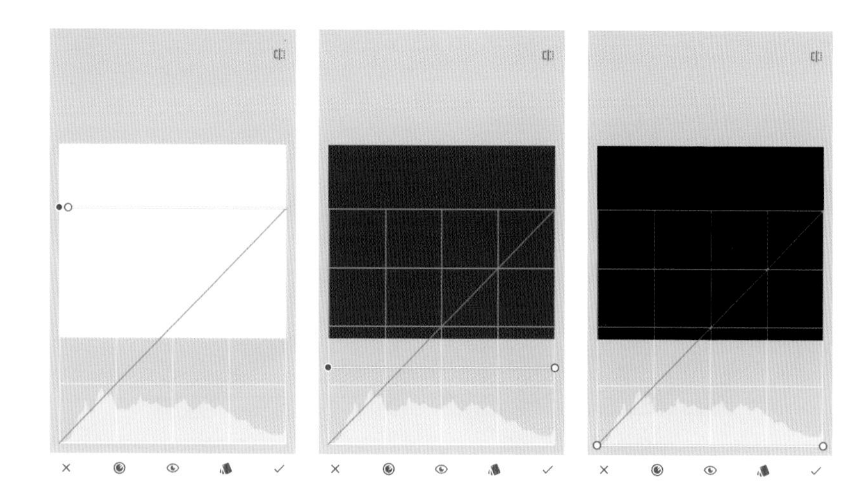

6.3 去灰或加空气感

拍摄的照片看起来灰蒙蒙，不够通透，可以用 RGB 曲线轻松去除。同样的道理，如果你需要为照片添加空气感，也可以反向用 RGB 曲线轻松实现。

案例解析 去除画面朦胧感

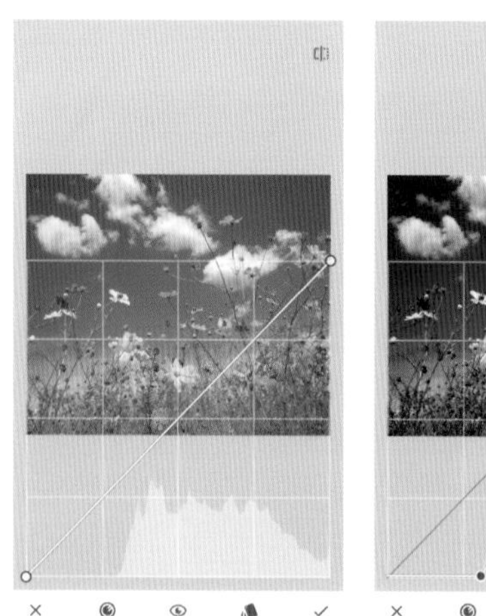

导入一张灰蒙蒙的照片，打开“曲线”工具，看一下它的直方图形态，可以看出暗部几乎没有什么像素，这就是照片灰蒙蒙的原因，大家可以随意拿出一张雾霾天拍摄的照片用“曲线”工具看它的直方图，基本和这张大同小异。暗部的缺失导致照片像蒙上了一层轻纱，解决方法就是按住曲线左侧原点沿 x 轴下端右移至像素开始密集的地方，效果立竿见影，确定保存并导出图片。

一张曝光正常的照片的直方图是什么样呢？打开“曲线”工具查看，发现所有的像素几乎均匀地排列着，高光和暗部都有充足的像素分布。如何使一张正常的照片看起来具有朦胧感呢，反向操作就可以，将左侧原点沿 y 轴向上，这样就可以把原本在暗部的像素全部移除了。我们比较原图 (3.2MB) 和删除暗部信息图片 (2.76MB) 的大小，可以更好地理解这个道理。

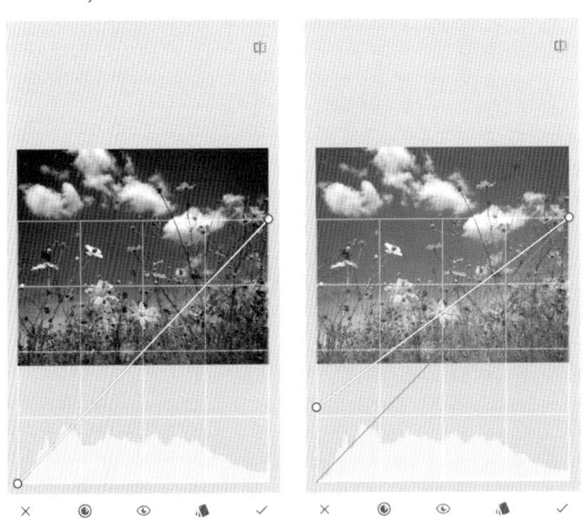

6.4 调色

调色是曲线功能最重要的应用。学会调色必须了解互补色的概念：红色和青色是互补色，绿色和品红是互补色，蓝色和黄色是互补色，两种颜色按照一定的比例混合能够得到白色。所以如果两种颜色混合能够得到白色，我们称这两种颜色互为补色。

在使用“曲线”工具调色时，调低红色数值会使画面更青，调低蓝色数值会使画面变黄，调低绿色数值会使画面变品红，调高这 3 条曲线数值都会使原色增强。

案例解析 分区调色

咖啡馆，逆光加上灯光偏暖让照片中的人物脸色有些红。打开“曲线”工具中的红色通道，先在中上部指定一个锚点，再在该点与原点中间设置一个点，并按住向下滑动降低暗部的红色，这时发现调整对于各个点幅度不同，是条平滑曲线。我们看到在调整后脸部还有些红，但更暗一些的桌子上的红色减少较多，再设置第 3 个点按住该点下拉增加脸部红色减少的幅度。我们观察并尽量保证第 1 个点以上右上的曲线保持不变，这是高光的部分，颜色恰当，如果也减少红色会使高光部分变成青色，上述曲线节点的设置保证了高光部分颜色基本不受影响。之前介绍的蒙版也可以只调整画面一部分内容的颜色，但两者有一定的区别。使用蒙版擦除的方法会使擦除部分和被擦除部分之间可能出现明显的分界线，尤其是调整幅度较大的时候，但使用“曲线”工具调整时只要保证曲线的基本平滑就不分出现颜色分界的突兀。

↘ 案例解析 补色

“接天莲叶无穷碧，映日荷花别样红。”荷叶翠绿，荷花素雅，我们试着把荷叶调成低饱和的色调，并让荷花更加鲜艳。

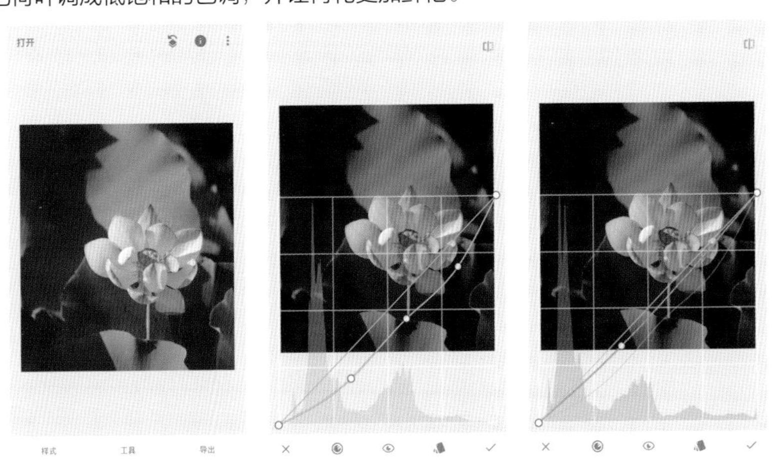

一共调整了两条曲线，先打开绿色通道，设置3个锚点，下拉锚点减少绿色，多设置锚点目的是尽量让中间调部分调整幅度均匀些。减少绿色的同时，画面会趋向于绿色的互补色——品红，同时也一箭双雕解决了增加荷花鲜艳度的任务。在红色通道中略微降低红色，目的是给画面加一点青色，让荷叶略带偏灰绿，整体上又能衬托出荷花的娇艳。

曲线调色用法非常多，熟练掌握后使用起来会非常得心应手，可以调出想要的各种色调，当然前提是一定要熟悉颜色的构成。

6.5 调节亮度、对比度

案例实战 调整亮度、对比度的方法

调节亮度、对比度的功能在“调整图片”工具里也能实现，但使用 RGB 曲线调整可以区分不同的部位分别实施，目标性更强，而且可以单独调整各个颜色的亮度、对比度。

打开照片，我们发现画面整体昏暗，层次感不强，主体人物红色偏浓重。

点击红色通道对红色进行专门调整，多设几个锚点的目的是使调整有的放矢。高光部分不做过多调整的目的是避免亮部过于偏青色，调整到适合的绿色就可以，重点是将人物面部减少红色，且对整体中间调部分提高对比度，中间部S形的曲线是一种常用曲线，这类曲线调整结果为了加大对比度。

打开亮度通道，使用反S曲线使整体对比度降低，由于中间调和暗部大幅提亮而亮部数值降低并不多，感觉是整体亮度增加，中间调的细节也同时增多。最后再使用RGB通道对画面整体增加一点曝光，重点是增加中间调的亮度，

更加突出了人物。

“曲线”工具中还有许多预设模板供大家选择使用，也可以更加便捷、快速地调出不同风格，如果对模板的效果不满意，还能在模板的基础上再次进行曲线调整，有模板的帮助一定会事倍功半。

第 7 章 后期处理实例

7.1 流行色调风格

流行色和人眼看到的真实色彩不太一样，但好看是其重要追求。是否好看仁者见仁，但确实很流行。本章就来介绍一些流行色的调色方法。

7.1.1 日系“小清新”

日系“小清新”照片一直流行于摄影圈，而且经久不衰。它以朴素淡雅的色彩、略有过曝的光线处理及偶尔刻意的虚焦效果深受一部分拥趸的喜爱。大多数照片低对比、淡色调，画面简单精致，多用广角，构图留白，多选择空旷、宁静、色调简单的环境。日系画面仿佛一个淡淡的世界，每按一下快门仿佛都是漠不关心的指尖触碰，但照片中却藏着一种敏感，好像青春期的小情绪，这是一种透着温馨淡然气息的拍摄风格。

总结：低对比度、过曝、偏冷淡色，远景人物。

案例实战 日系修图

选取一张正常照片，由于这张是逆光，所以先把阴影提亮，本照片阴影全集中在人的四肢和面部，只操作阴影部分不会影响其他。

最重要的操作就是按照日系风格尝试调低对比度、饱和度及暖色调，调高亮度、氛围及阴影。

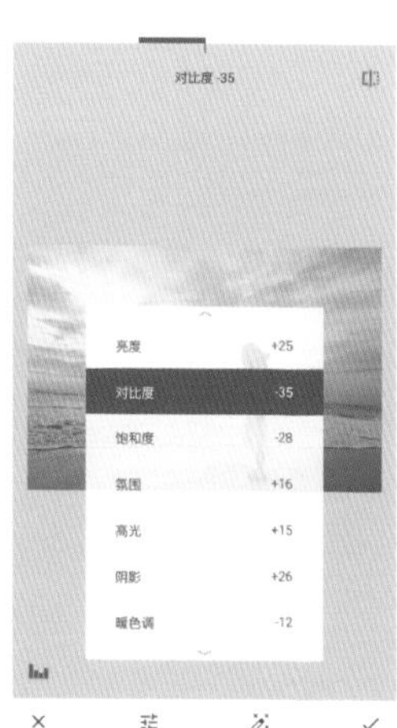

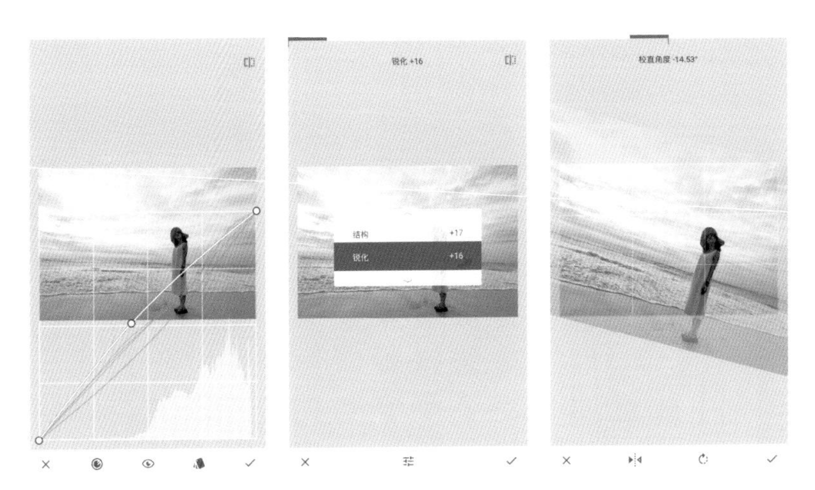

曲线调整目的是降低画面红色，提高青色，我们需要分通道进行。降低红色正好可以同时提高青色，因为红色的补色是青色，再提高蓝色和绿色的亮度，这样的组合调整使颜色不会失真，因为除它们本身外其他所有的颜色都是由三原色叠加而成的。

锐化时可以把脸部和四肢大幅度提亮过的部分擦去，以避免锐化，因为在提亮过程中已经产生大量噪点，再次锐化会使该部分画面噪点更多。旋转画面并剪裁让画面更活泼一些。最后使用曲线让画面增添一些朦胧感。

点击图标，再点击“QR 样式”可创建样式，也就是保存现有操作可以在以后处理同类题材时调用，这里把“调整图片”和“曲线”工具所操作的内容保存下来即可，剪裁之类操作保留下来无法直接应用。这样我们就保留下一个日系“小清新”的修图样式。

再打开一张照片，点击图标，点击“QR 样式”，可以通过“扫描 QR 样式”直接应用刚才所保留的操作流程。

得到的照片确实大同小异，固定的风格和模仿学到的风格都是过眼云烟，最重要的是自己掌握调色方法，遵从自己的内心，调出最美的色彩。

7.1.2 徕卡色彩和“德味”

徕卡相机是德系相机中的佼佼者，“徕卡色彩”也就顺理成章成了“德味”的典型代表，颜色深沉厚重、不艳丽，影调沉着细腻。照片中间调偏暗部的白色部分会呈现淡淡的蓝色而非简单的灰暗，而中间调和高光的红色则会偏向更低的明度。色彩显得如同轻微褪色的油画一般，沉着浓厚。从大体的影调上看，传统的徕卡镜头对高光的抑制非常好，不容易溢出；画面的暗部并不会丢失太多细节，总体立体感较强，影调层次丰富。

总结：蓝色调偏色，低色温、低饱和度，画面质感强，具有复古感觉。

案例实战 德味修图

该照片是仰拍，变形严重，使用“透视”中的倾斜工具将建筑物扶正，然后剪裁。

“曲线”调整也是加一些青色，减一些红色，操作后用蒙版减少面部修正的程度，同样降低饱和度操作时，也尽量避免使面部过于失真。虽然这类色调都是偏色调整，不是日常肉眼看到的颜色，但是人物肤色尽量不要差别过大，这样看起来效果会好些。

色调饱和度可以使颜色更有层次，加晕影和魅力光晕都是调整需要，压暗周边会让主体更加鲜明。晕影的光圈可以移到以人物为中心，魅力光晕的模板可以有几种选择，试选一种风格统一的就好，再视情形进行一定微调。

如果感觉青色太多了，就把色温再略微调暖一点，否则建筑物看起来过于冰冷了，这样一幅有鲜明风格的照片就完成了。

专家指点

对于色调风格的选择没有一定之规，可以追逐潮流去仿色，也可以自己琢磨调制自己喜欢的色调，重要的是色调要和你的表达相一致，如果想表达热情似火就不要采用过冷的色调，反之也如此。

仿色往往很难惟妙惟肖，做不好就是东施效颦。做好仿色，最重要的是学习一些颜色构成的知识，了解某一颜色是如何获得，知道什么颜色加什么颜色可以获得你想要的颜色才能准确效仿。当看到别人调色的风格想要效仿时，可以考虑以下几个方面：(1) 是否和画面风格搭配；(2) 该色调是什么风格，分清是暖调还是冷调，是高饱和度还是低饱和度，颜色追求暗调还是高调，是否过曝或欠曝；(3) 颜色是如何构成，是统一偏色还是分别偏色等。

7.2 黑白摄影风格

摄影是一种用色彩传递信息的表达方式，而减去色彩只留黑白把表达简化到几乎沉默，自然会给人相比彩色摄影完全不同的感受。黑白是一种表达，更是一种态度，是用寥寥数语讲述万千世界，是用轻描淡写抒发气势磅礴，它可以勾勒市井小品，也可以铺陈史诗长卷。

在色彩上做减法对人的关注焦点和画面感知有很大的影响。当照片颜色过多干扰重点的时候，做成黑白可以减少一些干扰，当照片的颜色过于浓烈或淡雅与想表达的内容大相径庭时，也可以通过做成黑白变成完全不一样的意境。黑白照片并不是简单做去色处理，因为没有颜色加持，对比度、明暗以及灰色过渡就成了最重要的修辞手法。

黑白对于好作品而言，不仅可以凸显光影、明暗变化关系，强化对比度，对于失败的作品，还可以通过抹除一切色彩上的不协调，来去除人物对象本身的缺陷，以及背景环境的不协调。

↘案例解析 制作黑白照片

去除色彩，可以通过使用“调整图片”工具直接把“饱和度”降至 -100 完成。

点击“工具”，应用“黑白”选项也可以制作黑白照片。

案例解析 “黑白”工具

在“黑白”工具中还有“彩色滤镜”“精细调整”和“样式选择”几项。使用彩色滤镜可以过滤掉原彩色照片中的某种颜色，如这张照片中使用了红色滤镜就使原来照片中的红色部分被过滤，形成黑白照片时该部分亮度会更大。我们用红色滤镜对冲原来发红的照片转成黑白后偏暗的效果来提高亮度。精细调整中可以选择改变亮度、对比度和粒度，加大“粒度”使画面中形成细小颗粒，有胶片感。最后再使用“白平衡”工具为照片调色，让纯黑白的色调里加一个单色，显得更加生动。

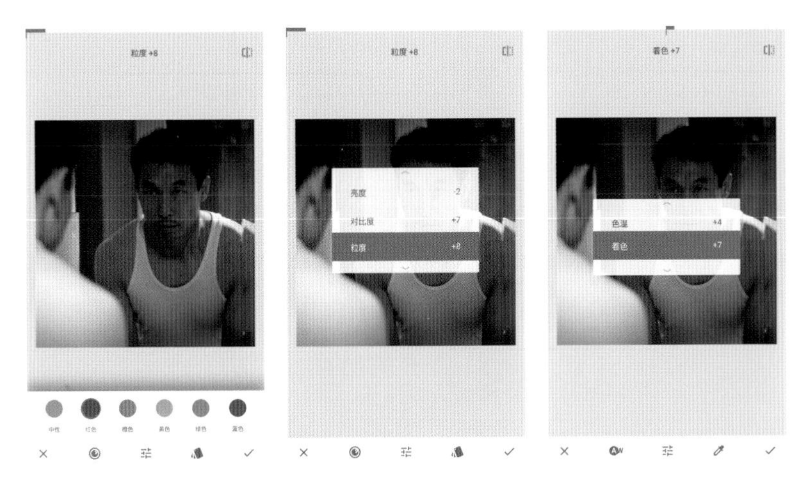

摄影：徐永杰

案例实战 黑白气势

加加林仰视外太空，航天飞机直冲云霄，雕塑以这样的气势记录下了人类第一次冲出大气层，迈向探索宇宙奥秘最重要的一步，彩色照片散发的小情调很难描述这种情怀，而调成黑白照片效果会很好。

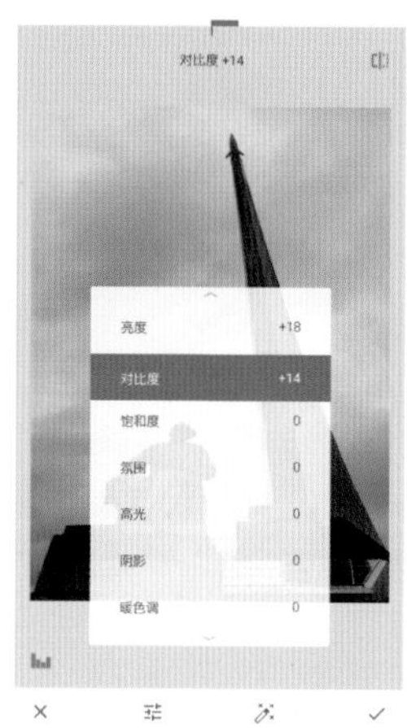

转成黑白色的同时没有添加滤镜，尝试添加黄色滤镜，提亮略微偏黄的人物雕塑色彩，但对周围环境亮度影响太大无奈放弃。

在“黑白”工具中制作黑白效果，也可以在“调整工具”下进行下一步亮度、对比度等调整。对于过暗的人物，使用“画笔”工具进行局部加亮。

稍微做下剪裁，并使用“修补”工具去除画面左下角的瑕疵就可以保存了。

黑白照片有着与彩色照片不同的调性，在微调中需要根据所希望表达的内容作出调整。

案例实战 黑白现实

该照片想表达的内容并不深奥，可以一眼洞穿。一个普通的劳动者，倚靠在一面商业楼盘开发商临时搭建的砖墙边晒着太阳。惊蛰过后，万物复苏，天气转暖，但他的工作常年都在户外，一时脱不下厚重的棉衣。“富金街”三个字所给出的直白含义与人物形成鲜明的对比，画面纯白部分的文字也和处于画面最暗部的人物形成鲜明对比，这是一个高反差的作品。

下面英文的部分有些残缺，意思和中文也并不能一一对应，在照片中有些画蛇添足。为了突出文字的强烈冲击感，使用“透视”工具中的“倾斜”加大画面左侧的文字。再使用“旋转”工具校直图片。

使用“修复”工具擦除残留的英文，剪切图片，尽量把人物放到右侧，当然同时也要保留文字演绎的完整性。处于角落里的人物映射着现实中被逼到角落的生活窘况，也蕴含着挣扎与爆发。

使用“局部”工具稍微提亮人物，再仅对人物细节做出锐化处理。我们看到逐渐清晰的人物个性慢慢显露，他目光中依然有着坚定，神情中透着倔强，人物正面的光亮也是引领他未来的光，他相信自己永远不会被生活打败。这次调整几乎改变了原画面所要表达的含义。

案例实战 黑白人生

关注底层人物的生活一直是作者的主要视角，用画面记录他们的喜怒哀乐，用镜头讲述他们的故事。

大雪入冬，行乞者不会放过这个机会，虽然更辛苦。垫了毛毡裹着棉袄，坐在雪地上还是会很冷，能打动路人吗，他并没有把握但还是要试试。行乞者付出辛苦取得回报，布施者散去金钱享受精神的愉悦。一切都有着公平的对价，得失永远互为因果。

使用降低饱和度的方法直接获得黑白影像，再使用“旋转”工具校直。

人物有些欠曝，暗部细节不够丰富，使用“局部”工具进行提亮，同时增加锐化。

添加一些“氛围”使画面细节更丰满，画面更通透，让两个同命运者的相互嘘寒问暖更有温度。再次锐化局部让面面立体感增强，使用“晕影”加上暗角，让主体更鲜明。

7.3 使用预设模板

7.3.1 VSCO 模板

打开 VSCO，这是一款有着丰富滤镜资源的 App，多种风格可一键获取。用户可以随意组合不同的搭配方式，并收藏一些自己喜欢的组合，这样也能形成自己一定的风格。

VSCO 并不是一款傻瓜软件，对于大多数没有太多时间研究后期处理的读者已经足够使用。因为 Snapseed 能完成其他软件几乎所有的功能，而且可以自由发挥，所以是目前最为主流的专业手机修图软件。但 VSCO 也有自己不可替代的作用，我们知道修图的主要步骤就是构图调整、影调和色调调整，最后再进行局部修整和锐化处理。VSCO 既可以用作构图，也可以独立进行影调、色调处理，而其最大的优势是可以利用软件本身提供的丰富模板所自带的影像风格，在模板基础上还可以进一步加工处理。

案例解析 模板风格 T1/Moody

下面用 VSCO 的模板对同一张照片进行多重效果的处理。这里先选用都市风格类别中的 T1/Moody，Moody 意思是喜怒无常的、易怒的、郁郁寡欢的。点击一下还可以进一步编辑选择这个模板的风格强度，与其叫作风格强度，我们更觉得这种调整是基于每张照片内容的不同和色彩的多元，所以需要留一个范围供大家结合自己的照片来选择模板的度。进度条向右时，确实感觉模板施加在照片上的影响越来越大。

确定好模板参数后，还可以进一步对照片做出调整，以修正模板的固有程式。减少一点光，模板强度调整中光的变化不是只调整光，同时还伴有其他内容，例如该模板中明暗的变化更多体现出的是蒙尘的多少，是一种灰度的变化，所以还是需要根据具体情况调整曝光。加些对比度使层次感稍强一点，虽然模板做出的是整体雾状效果，但局部光影变化、明暗区别还是有必要的。锐化提高一点清晰度，不需要太多。减少饱和度让情绪再低落一些，色温和色调在不过分加暖的情形下调出喜欢的颜色即可。

摄影：徐永杰

案例解析 模板风格 M5/Mood

这次选用的是肖像类别中的 M5/Mood，Mood 意思是心情、语气、气氛和坏心境。所以 M5/Mood 是个反映情绪化的模板，导入照片，适用模板反复调试，观察变化以及所可能带来的情感变化，其中最明显的就是色调由冷变暖的过程。可能也是想表达氛围的从冷落到热情。模板强度选择偏暖，加一点曝光让调子稍微明快一点；降低些对比度，因为原片对比度已经比较高了，我们仍能清楚区分暗部细节；饱和度的增加让画面更鲜艳一点，使气氛更祥和一些；调色时多加了暖色和模板预设的选择相适应；暗角虽然有点压气氛，但能更突出人物，令照片增色。

下一个
肖像
M5
AV4
FP4
KA1
KE1

M5 / Mood

曝光

对比度

饱和度

色温
色调
白平衡

暗角

模板的选用以及强度的使用都要和之后的微调相配合，才能达到预设的目的。如果选择了冷色的模板又一味无节制地增加暖色就会南辕北辙，说明在照片调整前没有一个完整统一的思路。无论使用什么软件、什么方式对照片进行后期调整，首先要做的就是根据照片内容和自己所想表达的思想明确制订一个完整统一的思路，后面所有的步骤都跟着思路走下去，否则结果会变得风格混乱，而且反复调整也会对画质造成不可逆的伤害。

案例解析　模板风格 B5/B&W Classic

最后选用了黑白类别中的 B5/B&W Classic，经典黑白，模块强度主要针对的是暗角，所以为了配合剪裁，初始设定值偏低。

选定好模板后，进一步微调时稍微减了一点曝光，感觉这类低调为主的黑白片搭配人物的神情举止暗一点更好，加了些对比度让黑白更加分明。剪裁成近乎 4：3，主要裁掉的是画面右侧的内容，这些元素在黑白影调中基本没有什么表达能力。我们剪裁之后开始使用暗角，这是开始选择模板强度时就已经预设好的，否则先制作的暗角和画面的比例并不搭配无法起到突出主体的作用。

7.3.2　Snapseed 模板

在 Snapseed 的“工具”选项下也有许多预设模板，为用户提供更便捷的后期选择，其中包括魅力光晕、HDR 景观、戏剧效果、复古、粗粒胶片、怀旧、斑驳、黑白、黑白电影。

魅力光晕是在局部减光造成光晕的效果，当然预设很难了解到照片中真实主体的客观位置，要想运用得恰如其分需要多试并思考其是否符合或影响到画面中的色彩饱和度和冷暖色关系等，并通过其菜单下的“光晕强度”“饱和度”“暖色调”工具进行微调，也可以用蒙版擦去不必要的部分。当然最重要的标准还是加上去后看着好看。

HDR 景观就是获得高动态范围的影像，方法是对照片中不同远近位置因相机本身原因造成的曝光不足以及细节缺失做一个积极补偿，使整个画面所有部分都有充分的细节和正确的曝光，工作原理是分层次加大曝光。HDR 功能事实上在 Photoshop 中都还没有做到尽善尽美，在手机中的操作就更显粗糙，当然适当使用还是能使照片别具一格的。如果想要更好的高动态范围影响，可以采用“局部”和“画笔”工具分层次调整。最好的办法是使用三脚架在同一位置聚焦不同远近、方位进行曝光，获得多张图片后再使用“双重曝光”工具分别叠加，最后利用蒙版做分层涂抹将各张照片自己想要的曝光正确、细节充分的部分组合到一张照片中。

戏剧效果、复古、粗粒胶片、怀旧、斑驳、黑白、黑白电影等模板在第 2 章都讲解得很清楚，几种风格的区别看名称就能一目了然。最重要的是尝试，不断变化、比较，从而得到自己喜欢的样式风格。

美颜相关的工具本书不再介绍，熟练其他功能使用的用户很快就会上手使用，喜欢摄影的女性读者都应该人手一个或几个自己长期使用而且得心应手的软件，这里就不班门弄斧了。

7.4 后期综合实例

案例实战 锦上添花

矿工应该算最危险的职业之一，能有机会到井下拍摄他们的工作环境，听他们的故事，再把这些故事用镜头记录下来讲给别人听，很幸福。照片整体很暗，最终呈现出来的一定是个低调作品，但结构上不稳定偏向一侧，所以首先要做的就是调整构图。

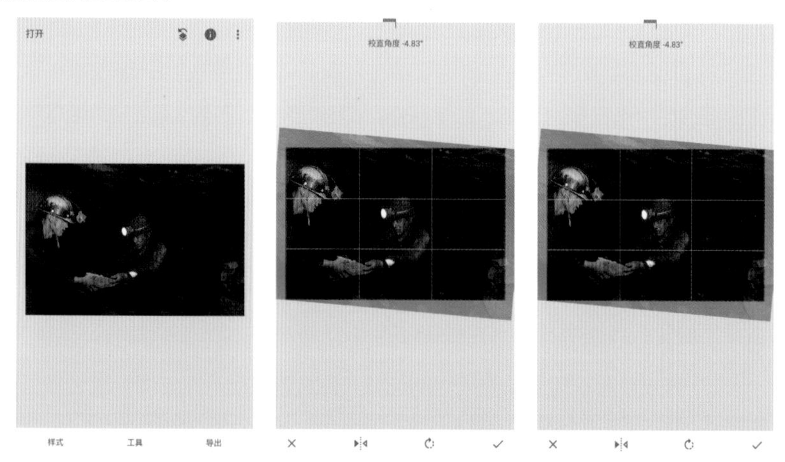

从两人相对位置结合动作以及相互关联决定进行对角线构图，旋转图片，尽量在保留左侧人物完整动作的情形下将其位置提高，剪切思路很清晰，从右裁出正方形，把左侧人物的头灯放置到黄金分割点。

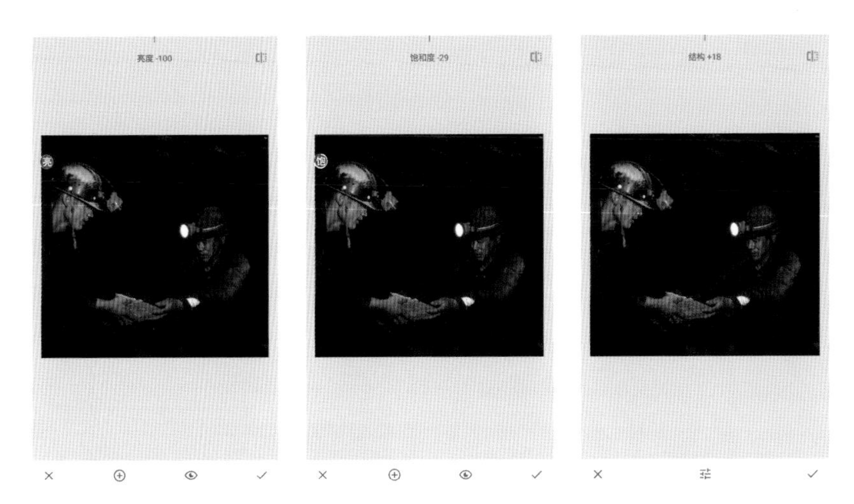

整体效果比较满意了，再微调一下局部，画面左上角有点亮而且偏红，不符合照片的整体调性，使用“局部”工具在左上角调低亮度和饱和度。

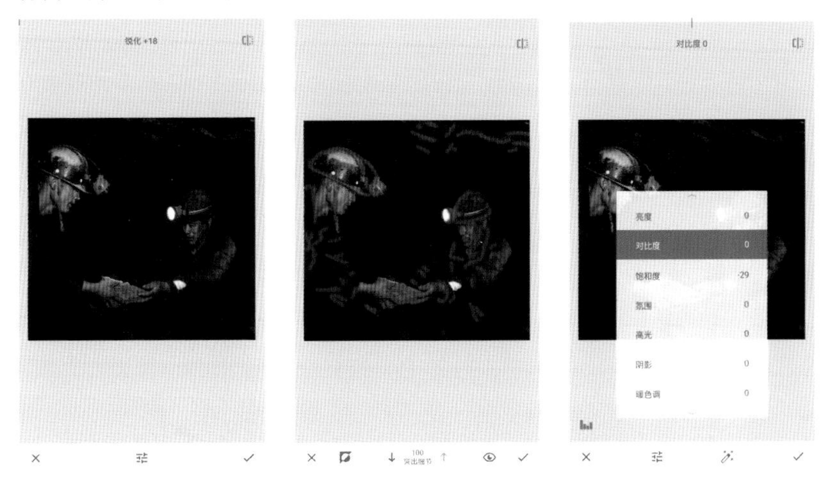

最后锐化，还是常规方式，使用“结构”做整体调整，用“锐化”结合蒙版勾勒人物线条。头灯的橘红色太抢眼了，最后再把饱和度降下来。

观察一下有无遗漏，没问题就可以确定保存导出图片了。

案例实战 变废为宝

风雨过后是否都能见到彩虹，是否所有的废片全可以变废为宝？答案是肯定的，但过程是艰苦的，同时也需要有创造美的眼光。摄影本来就是一个发现美的过程，前期是这样，后期也如此。走过同一个地方，有人拍下的是绝美大片，而你留下的可能仅是简单的记录，都是因为没有找到美好的视角。后期同样如此，所以后期不仅仅是技术的操作，也是审美的过程。

导入一张前期拍摄不成功的照片，观察并找出问题。首先是构图，主线多而杂乱，使地平线视觉上不平，两条水岸线给水面造成了极大压力，加之水面大面积的阴影堆积，画面压抑而没有层次。其次，在影调方面的问题更为严重，暗部和亮部区分很大，没有舒缓过渡，暗部杂乱，缺乏正确的明暗对比关系，显然和实际看到的初秋、傍晚、晴朗的天空、平静清澈倒映着云朵的水面给人形成的视觉感受大相径庭。第三，色调更是无法还原真实的蓝天白云、青黄和翠绿。第四，画面整体缺乏层次感。

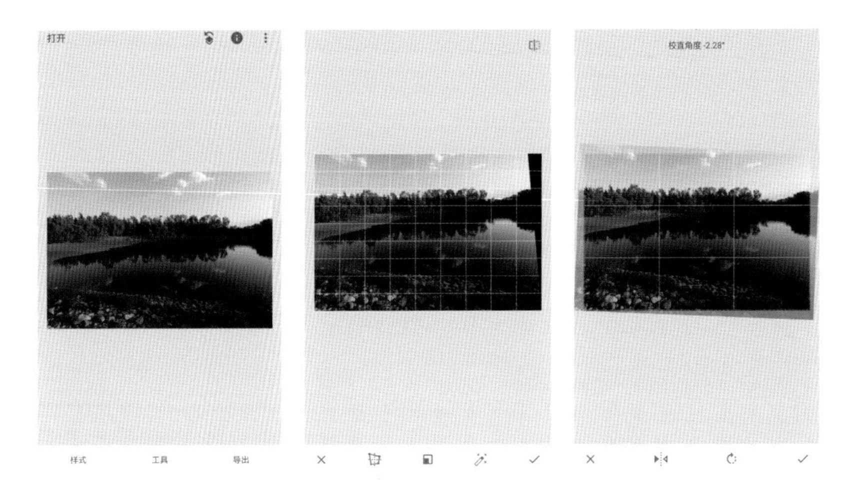

用“透视”中的“自由”工具对照片进行变形处理，对于风光照适度的变形不会影响太大，尤其树木偏远，只要做好反向调整，避免垂直静物扭曲变形就可以。

旋转图片让远处显示水平，近处的水岸线角度加大，令水面更加开阔，消除之前水面逼仄的视觉效果。旋转过程消除了边缘因变形补色造成的影响，就不用裁减了，否则还需要仔细观察边界减掉变形补色出来的部分。

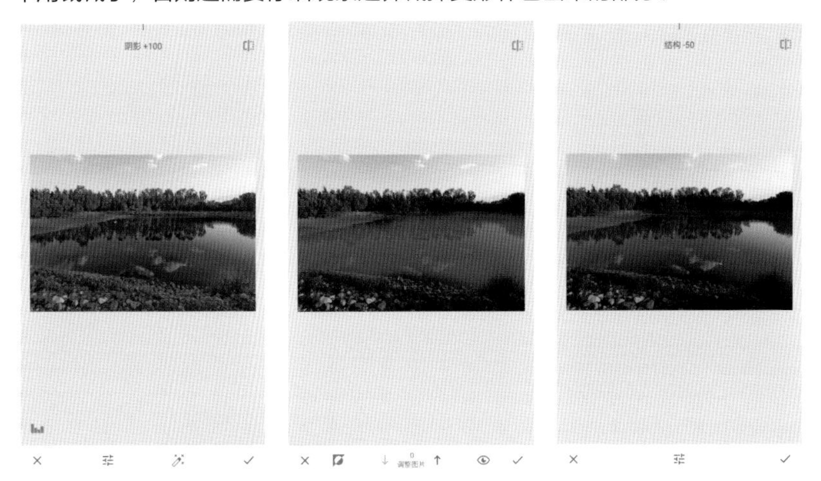

水面大块的阴影是造成画面难看的罪魁祸首，点击“调整图片”中的“阴影”工具，把“阴影”调亮至 100。在此只想对水面进行调整，这就需要再次使用“组合画笔工具”擦掉非水面的部分。之后很多操作都会使用蒙版对想要调整的部分进行调整，就不再强调了。

对于大面积的分块调整不需要擦得过于细致，要保证各块之间的过渡，自然羽化部分需要保留。水面提亮很多，阴影就不再碍眼，但是新的问题又出现了，大幅度提亮造成了水面出现色阶断层。使用“突出细节”中的结构工具反向操作减小数值，降低水面清晰度，注意还只是利用蒙版针对水面操作。

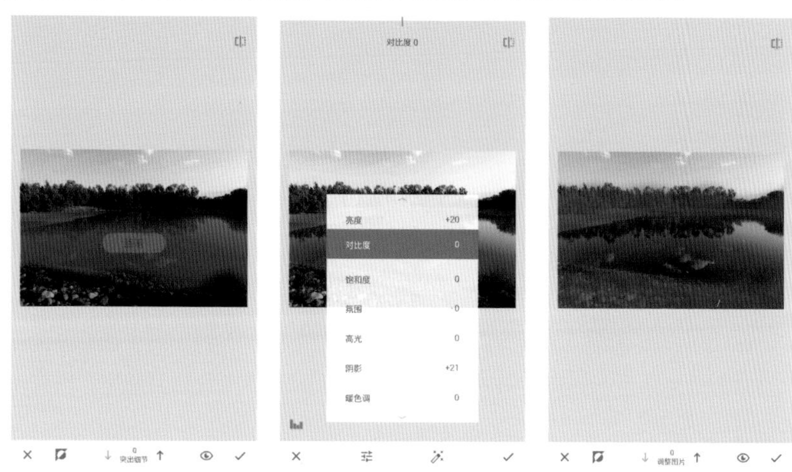

现在对岸上部分操作，整体加亮再单独加亮阴影部分。虽然都是加亮但程度不同，所以分别操作更便于掌握分寸。

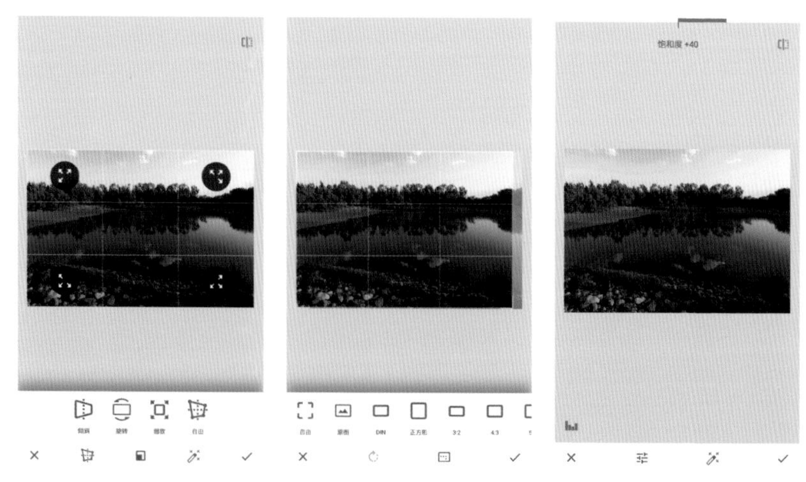

还是觉得构图不好，再次使用“透视”中的“自由”工具对照片进行变形处理。

处理后剪裁到合适画面。这时的画面基本一分为三：远处地平线以上、下部水岸以及中间水面，上下水岸收缩的位置也在左侧三分之一位置，整体符合黄金分割原理。保证画面的黄金分割也许不能成就伟大作品，但能使大多数照片具有基本可看性，所以对于普通读者来说严格遵从基本构图原理拍出来的照片就不会太差。

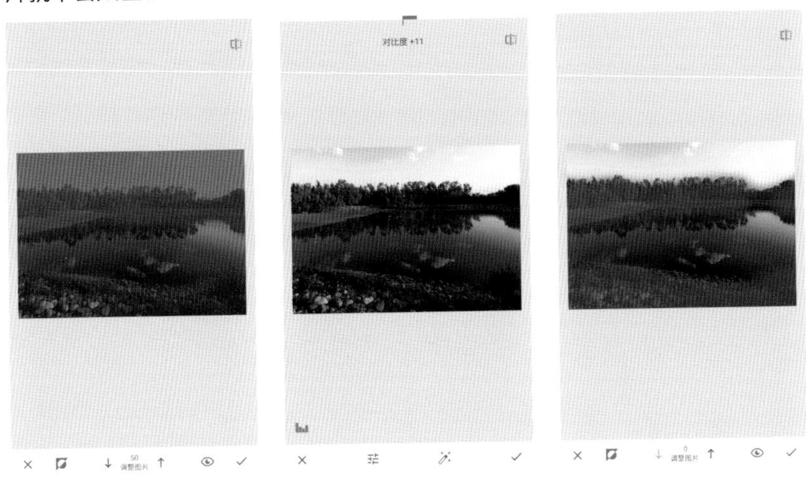

加大饱和度，使原先昏暗的色彩鲜艳一些，调整时对水面擦除 50% 饱和度，只增加到其余部分饱和度的一半。对两侧水岸加对比度，形成立体感并相互对应。

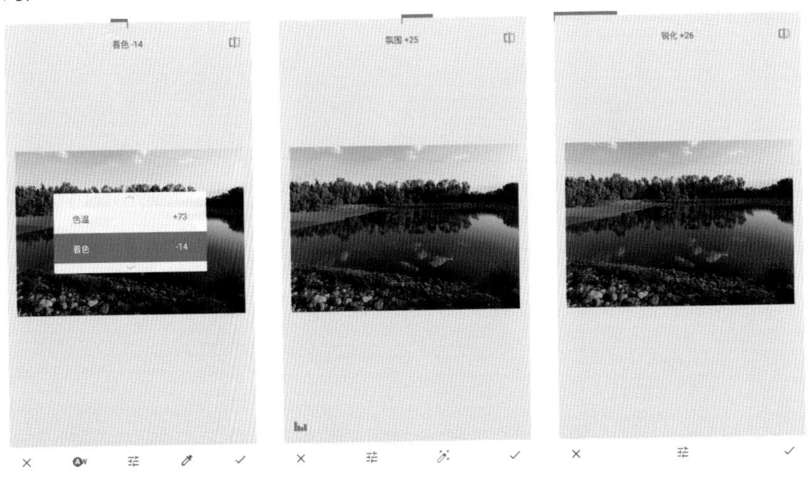

调整色调时加大色温，再添加一些绿色进来形成最终的调子，加大点“氛围”使整体明亮通透。最后增加锐度，依旧是利用蒙版局部增加了近处的石头、水中的云朵以及对岸的树梢，这样画面的层次感就出来了。

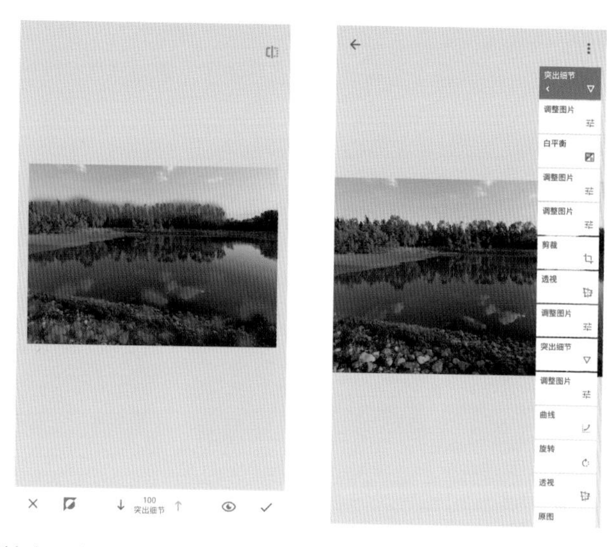

最后检查所有操作，确定保存导出图片。确定时可以直接保存。

对于这幅照片我们也做了忠实原自然视效的调整。

着色时减小色温使天变蓝，再加大饱和度让蓝色更加鲜艳，这些都主要针对天空，其他部分调整幅度相对小。最后再使用“曲线”工具中的绿色通道调整绿植色彩。其余操作和前图一样，调整“氛围”和“锐化”。

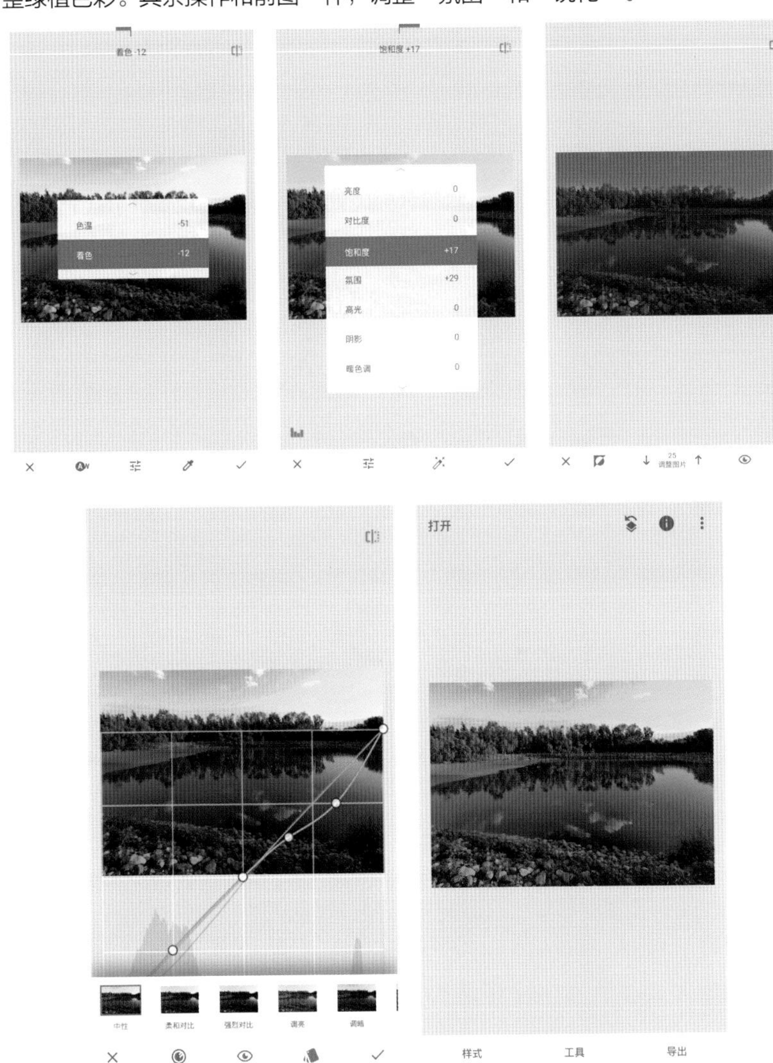

专家指点

这个结果基本接近眼睛看到的景象，但是仔细观察蓝天部分出现了明显的色阶断层。我们手机使用的照片大多是JPG格式，JPG是压缩格式，会有像素的缺失，所以在大幅度调整明暗、对比度、饱和度时会出现不同程度的色阶断层。这幅照片的蓝天是大幅增加饱和度等方式调整出来的，很难避免色阶断层，而这又是作品的硬伤，也是后期无法克服的。我们上幅选择调色时调进暖色调避免色阶断层，但照片的真实性就差很多了。

后期处理能解决艺术的问题但不能解决技术的问题，掌握手机后期修图方法不仅可以变废为宝，还可以直接把手机当成绘画的工具，绘制出自己脑海里的图画。

游行队伍走近天安门城楼，五星红旗迎风飘扬，胜利的歌声嘹亮动听，在沸腾的欢呼中已分不出我的歌声，在花球舞动的人群里也找不到我的身影，但我就在那里，用并不优美的歌喉诉说着对祖国母亲的眷恋和无限深情。我挥动双手，唱着“你的名字比我生命更重要”，幸福的泪水模糊双眼，但因为信仰，一生有方向，从未迷失。

作者有幸成为“中华儿女”方阵的一员，在天安门广场庆祝祖国七十周年华诞，但所有参与者都不能携带手机，只能匆忙请工作人员草草留下唯一的纪念。

从上海中心俯瞰曾经的第一高楼环球金融中心，找不到合适的位置，随便拍下一张看看后期有没有什么回天之术。

作者拍摄的位置局限了想法，僧人高山仰止的风范本已在构图计划之内，无奈取景框内只有淡淡的遗憾。

摄影：苏悦

我们常会遇到因为各种不同因素造成的拍摄效果不佳。有的是因为前期构图没有和所想表达的形成共识，有的是因为作者站的位置导致不能随心所欲地拍摄，还有的是因为天气原因导致成片质量不佳。这些都可以通过后期来予以修正。

看了下面几张做过后期处理的作品，是不是又是另外一种效果？

剪裁使画面更加简洁，并突出重点，减少了纷杂，整体提亮画面后针对因为逆光造成的黑脸部分和背景中的战车进一步提亮。人物面部细节清晰了，军车也露出了模样。照片珍藏价值立即凸显出来了。

是不是化腐朽为神奇了，通过后期处理使因为镜头和透视效果产生的变形得到了纠正，去雾处理用曲线就能轻松实现，余下的工作就是让色彩更加绚烂。现在谁也不会再怀疑透过一块并不干净还会反光的玻璃能拍出这样的照片吧。

作者想表达的“会当凌绝顶”通过后期处理完美展现出来，剪裁解决了构图问题，但造成了照片整体只余下几百 KB，无法放大，只能在手机上看了，仍稍有遗憾。

本书并不是让大家过分依赖后期制作，也并不强调后期处理能解决一切问题。但如果再次创作能成为生活的乐趣，把手机变成游戏机也未尝不可，一步一步披荆斩棘，最后成功获得一幅满意的作品。

作者经常会把摄影的后期处理比作化妆，既能悦人，也能悦己，现在已经习惯了不化妆不出门，或浓或淡只要恰如其分，总会比素颜要好看些。无论使用单反相机还是手机拍摄都有这样那样的局限性，通过适当的后期处理必定会对原作有一定的改善。后期处理改变不了审美的不足，也不能完全解决器材的落后，但后期处理能带给大家创作的快感，仅此而已。